人工智能——物联网技术丛书

智能机器人定位技术

罗文兴　编著

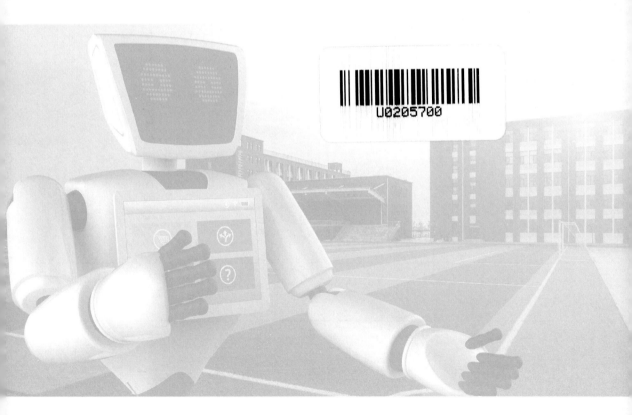

化学工业出版社

·北京·

内 容 简 介

随着人们对高品质生活的追求和向往，智能机器人开始进入到人们日常生产及生活中。本书主要对智能机器人的无线定位技术进行研究，从定位的概念、定位的分类、系统构成、系统性能比较等开始，对定位的电波传输基本理论、定位技术的理论基础、定位误差分析方法进行了概要阐述，探讨了智能机器人室内 WiFi 指纹定位和 RFID 指纹定位的指纹算法研究、网络布局、指纹地图的构建、室内多场景下指纹数据库的构建、指纹室内多场景定位实现等，同时对智能机器人 WiFi＋RFID 融合定位进行探讨，对融合定位的优势展开分析，对融合定位技术实现进行验证；本书对智能机器人展厅定位、自主充电定位、投影推送服务、语音交互、扫码链接云平台等多场景下定位实现进行了验证。本书可作为从事智能机器人研发的工程技术人员及科研院所的研发人员的参考用书，也可作为相关爱好者学习用书。

图书在版编目（CIP）数据

智能机器人定位技术/罗文兴编著. —北京：化学工业出版社，2022.11
（人工智能——物联网技术丛书）
ISBN 978-7-122-42525-6

Ⅰ.①智…　Ⅱ.①罗…　Ⅲ.①智能机器人-定位法
Ⅳ.①TP242.6

中国版本图书馆 CIP 数据核字（2022）第 208777 号

责任编辑：潘新文　　　　　　　　　　　装帧设计：韩　飞
责任校对：宋　玮

出版发行：化学工业出版社（北京市东城区青年湖南街 13 号　邮政编码 100011）
印　　装：大厂聚鑫印刷有限责任公司
787mm×1092mm　1/16　印张 8¾　字数 211 千字　2022 年 12 月北京第 1 版第 1 次印刷

购书咨询：010-64518888　　　　　　　售后服务：010-64518899
网　　址：http://www.cip.com.cn
凡购买本书，如有缺损质量问题，本社销售中心负责调换。

定　　价：59.00 元
版权所有　违者必究

随着人工智能（AI）技术迅速发展，人们对未来的智慧交通、智慧生活、智慧教育等充满憧憬，基于定位技术的"智慧+"的相关研究取得了丰硕的成果，并逐步应用到了人们的生产、生活中。国务院《新一代人工智能发展规划》将智能机器人产业列为人工智能领域新兴产业之一，智能机器人将在教育、医疗卫生等各个领域得到广泛应用。智能机器人能够为人们提供多种多样的服务，但它在为人们提供各种服务过程中，需要解决自己目前的具体位置的定位、要去哪个目标位置、如何到达锁定的服务目标位置、为人们提供什么样的服务等一系列问题，这一切都可以理解为基于位置的服务（LBS），这就需要对智能机器人进行定位。定位技术从广义上讲并不是新事物，它经历了上千年的发展及应用。人类社会进入到信息化时代后，定位技术发生了质的飞越，定位技术的含义也发生了很大变化，智能定位与导航技术得到飞速发展。网络信息时代，定位新技术在不同领域都有很好的应用前景。

在室外定位相关应用中，卫星导航定位系统相对成熟，定位精度也在不断提升，典型的如美国 GPS 系统和中国北斗卫星导航系统（BDS）等；室外定位系统还包括蜂窝基站定位系统及雷达定位系统等；在室内定位系统研究与开发应用上，基于红外线、超声波、蓝牙、射频识别、超宽带、ZigBee、麦克风阵列、WiFi、SLAM、室内电力线等室内定位技术也已经开始进入人们的生产、生活中。在基于智能体的智能机器人定位中，受目前定位技术手段所限，定位精度有待进一步提高，因此在这方面还有很大的研究与开发空间。

本书主要研究智能机器人在不同的活动场景中根据具体的服务需要进行定位的原理、方法和实现技术，使智能机器人以最佳方式根据服务需要到达服务目标位置，在指定的区域提供相关服务。在研究中，本书提出了多种定位算法，进行了不同场景下基于 RFID、WiFi 的无线网络场景构建，实现了预期的定位效果。在提高定位精度方面，利用 RFID 与 WiFi 无线异构网络有效融合，实现了定位精度的大幅度提升。

本书在编写过程中，得到了华中师范大学国家数字化学习工程技术研究中心的余新国教授及其团队的大力支持，也得到了黔南民族师范学院的鼎力资助。孔峰教授对书稿进行了审理。本专著由贵州省教育厅自然科学基金（特色项目）——教育智能体基于位置服务的关键技术研究（黔教合 KY 字［2019］074）、黔南民族师范学院高层次人才项目基金——移动智能体室内定位技术研究（QNSY2019RC12）、贵州省 2022 省级教改项目基金——基于"贵州省普通本科专业评估指标体现"下的人才培养模式研究——以物联网工程专业为例（2022SJG005）的共同支持，在此一并表示感谢。

鉴于编者水平有限，而智能机器人技术及无线定位技术飞速发展，书中难免有疏漏和欠妥之处，希望广大读者给出宝贵的意见和建议，以便及时修订，更好地服务于读者。

罗文兴

2022 年 9 月

第1章 定位技术分类及系统构成　　1

1.1 定位概念 ……………………………………………………… 2
1.2 定位分类 ……………………………………………………… 2
　　1.2.1 室外定位 ……………………………………………… 2
　　1.2.2 室内定位 ……………………………………………… 18
　　1.2.3 其他定位技术 ………………………………………… 23
1.3 无线定位系统构成 …………………………………………… 24
1.4 无线定位系统性能比较 ……………………………………… 25

第2章 定位技术理论基础及误差分析方法　　27

2.1 电波传输基本理论 …………………………………………… 28
　　2.1.1 传播损耗分析 ………………………………………… 30
　　2.1.2 接收功率分析 ………………………………………… 32
　　2.1.3 无线传播模型 ………………………………………… 32
2.2 定位技术的理论基础 ………………………………………… 36
　　2.2.1 参数化室内定位方法 ………………………………… 36
　　2.2.2 非参数化室内定位方法 ……………………………… 43
2.3 定位误差分析方法 …………………………………………… 46
　　2.3.1 参数化室内定位精度影响因素 ……………………… 46
　　2.3.2 制约现有非参数化室内定位精度的
　　　　　因素 …………………………………………………… 47

第3章 智能机器人室内WiFi指纹定位　　48

3.1 WiFi定位基本理论基础 ……………………………………… 49
　　3.1.1 WiFi技术概述 ………………………………………… 49

3.1.2　WiFi 网络结构 ················· 49

3.1.3　WiFi 网络定位 ················· 50

3.2　WiFi 指纹算法研究 ·············· 52

3.3　WiFi 网络布局 ·············· 58

3.4　WiFi 指纹地图的构建 ·············· 66

3.5　室内多场景下 WiFi 指纹数据库的构建 ·············· 67

3.6　WiFi 指纹室内多场景定位实现 ·············· 74

3.6.1　无障碍细长场景定位 ·············· 74

3.6.2　宽敞而有极少障碍物的场景定位 ········· 79

3.6.3　宽敞但有极多障碍物的场景定位 ········· 87

第4章　智能机器人室内RFID指纹定位　　93

4.1　RFID 定位基本原理 ·············· 94

4.1.1　阅读器定位 ·············· 94

4.1.2　标签定位 ·············· 95

4.2　RFID 指纹定位投影位置定位研究 ·············· 95

4.2.1　投影区域 Tags 的布局 ·············· 96

4.2.2　智能机器人信号采集方法 ·············· 97

4.2.3　信号处理方法 ·············· 99

4.2.4　基于投影位置的定位实现 ·············· 102

第5章　智能机器人WiFi+RFID融合定位　　108

5.1　WiFi＋RFID 融合定位的优势分析 ·············· 109

5.2　WiFi＋RFID 融合定位技术实现 ·············· 110

5.2.1　WiFi 定位技术特性 ·············· 110

5.2.2　RFID 定位技术特性 ·············· 111

5.2.3　WiFi＋RFID 融合定位 ·············· 111

第6章　智能机器人多场景定位技术　　119

6.1　室内场景的智能机器人定位挑战 ·············· 120

6.1.1　智能机器人室内应用服务需要面对的
问题 ·············· 120

6.1.2　智能机器人平台开发 ·············· 121

6.2　特殊场景的智能机器人定位技术实现 ·············· 123

6.2.1　智能机器人展厅定位实现 ·············· 123

6.2.2　智能机器人自主充电定位实现 ········· 125

6.2.3　智能机器人投影推送服务定位实现 ……129

6.2.4　智能机器人语音交互定位实现 …………129

6.2.5　智能机器人扫码链接云平台定位

实现 ……………………………………130

参考文献　　　　　　　　　　　　　　　**132**

第1章 定位技术分类及系统构成

1.1 定位概念

定位，其原理是在一定的空间坐标系中，基于某种技术手段，对需要进行位置服务的终端（人或物等）与提供位置服务的目标物体之间的位置、距离关系进行确定，这种技术手段称为定位技术，定位技术主要用于对目标物体位置的确定，包括对目标物体进行跟踪、导航和定位。定位技术发展了上千年，古人利用感官、地磁环境、河流、山川、海岸线、星象等来确定自己的位置所在。随着科技的不断发展，定位技术越来越发达，人们可利用多种现代技术手段实现对定位目标的跟踪、发现、导航及位置确定，并测量移动目标的方向和速度，例如利用地球经纬仪、无线电、卫星、雷达等。

随着现代电子技术、通信技术、计算机技术及人工智能技术等快速发展，智能终端设备（智能手机、腕表、电话手表、手提电脑及平板电脑等）在人们的日常生活和工作中得到广泛应用，这些智能终端设备都可借助于定位系统（车载定位系统、航迹定位系统等）提供基于位置的服务（Location Based Service，LBS）。为智能终端设备提供网络覆盖的接入点，包括卫星导航定位系统、移动通信系统中的蜂窝基站系统、智慧城市中无处不在的 WiFi 网络和物联网中的 RFID 网络等，这些无线覆盖为我们便捷出行、便利生活带来了深刻的影响，基于无线定位服务的应用已经深刻融入到人们日常生活中。

1.2 定位分类

从定位主体与被定位目标的距离进行分类，定位技术可以分为超长距离定位、长远距离定位、短距离定位和近距离定位等；从建筑物内外区分，可分为室外定位技术和室内定位技术。目前定位没有统一的分类标准，例如基于定位距离的分类还存在一定的模糊性。本章主要是从室外定位技术和室内定位技术两方面来展开介绍。

1.2.1 室外定位

在 15 世纪，人们就逐步对海洋进行了探索，并有航海家绘制了航海图和星象图，其目的是帮助航海的人们进行自我位置发现及确定，通过航海图或者星相图实现航海人位置的确定其实就是对定位应用的初步探索。随着科学技术的不断进步，人们对赖以生存的自然空间进行了大量探索，对航空飞行器、航海舰船及地面移动目标等的跟踪定位进行了大量的研究。室外场景下的基于位置服务（LBS）应用包括物流跟踪、交通管理及导航服务等。常用的室外环境下的无线定位技术包括 GNSS（Global Navigation Satellite System）、A-GPS（Assisted GPS）、CLBS（Cell Location Based Service）、CID（Cell ID）、ECID（Enhance Cell ID）、RPS（Radar Positioning System）等。

1）卫星定位系统

卫星定位系统主要是利用处于太空的导航定位卫星，为空中、陆地或海洋中的目标物体提供导航和定位服务。

全球卫星定位系统卫星信号一般由 3 个部分组成：载波信号、导航数据和扩频序列。其中，载波信号是没有经过调制的周期信号，可以是正弦波或脉冲波；导航数据指导航电文，由一系列二进制序列组成，包括星历、钟差等；扩频序列是将传输信号经过与传输信息无关的伪随机码扩频后得到的扩展序列，扩频之后信号的频谱远远超过被传输信息所需要的最小带宽。

全球卫星定位系统主要采用伪距法进行定位，其基本思想是三球交汇原理，实现方式包括有源定位和无源定位两种。例如北斗一号全球定位系统使用有源定位，也就是"双星定位"。现阶段全球导航定位系统主要采用无源定位的实现方法。伪距是指卫星发出的测距信号到达接收机的时间与信号传播速度的乘积所得到的测量距离，之所以称之为伪距，是因为卫星信号在从卫星出发到达接收机的过程中经过大气层会引入误差，使得测量得到的距离与实际距离之间有一定的偏差。伪距定位的基本思想是用户接收机接收来自多个卫星的信号，并对信号进行解调得到导航电文，再从导航电文中获取伪距及对应卫星的位置，利用空间距离交汇的方法得到用户所在位置的坐标。

无源定位是如今全球卫星导航系统使用的典型定位方法，卫星接收机在覆盖范围内至少可以得到 3 个以上的观测量。在实际的应用系统中，由于卫星接收机时钟和卫星时钟并不一定同步，所以将两者的钟差作为第 4 个未知量进行求解，因此需要至少 4 个卫星伪距观测值，伪距观测值计算公式：

$$\rho_i(x_u) = \sqrt{(x-x_i)^2 + (y-y_i)^2 + (z-z_i)^2} + c\Delta t$$

式中，$\rho_i(i=1,2,3,4)$ 为用户到 4 颗卫星的伪距观测量；$x_u = (x,y,z)$ 为用户的位置；(x_i,y_i,z_i) 为卫星的位置坐标；Δt 为卫星接收机的钟差；c 为常数。无源定位示意图如图 1-1 所示。

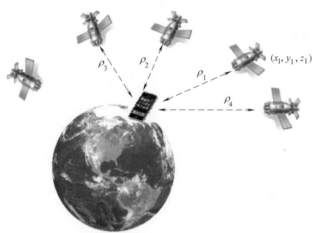

图 1-1　无源定位示意图

卫星的位置和伪距值已知，故可以联立方程组求解得到用户位置坐标：

$$\begin{cases} \rho_1(x_u) = \sqrt{(x-x_1)^2 + (y-y_1)^2 + (z-z_1)^2} + c\Delta t \\ \rho_2(x_u) = \sqrt{(x-x_2)^2 + (y-y_2)^2 + (z-z_2)^2} + c\Delta t \\ \rho_3(x_u) = \sqrt{(x-x_3)^2 + (y-y_3)^2 + (z-z_3)^2} + c\Delta t \\ \rho_4(x_u) = \sqrt{(x-x_4)^2 + (y-y_4)^2 + (z-z_4)^2} + c\Delta t \end{cases}$$

有源定位是指用户需要发送应答信号实现定位的定位方式。其基本原理是：分别以已知位置的卫星为圆心，以伪距为半径画圆球并相交，再加上地面控制站的高程地图，可以得到第 3 个圆球，三球的交点就是用户的位置。

在北斗一代系统中，用户需要应答地面中心发送的信号，每次应答地面中心可以得到以下两个距离：

$$\begin{cases} \rho_1 = 2(R_1 + S_1) = c\,\Delta t_1 \\ \rho_2 = R_1 + S_1 + R_2 + S_2 = c\,\Delta t_2 \end{cases}$$

其中，R_1 和 R_2 是用户到卫星的距离值；S_1 和 S_2 是地面中心站到卫星的距离；Δt_1 是发射信号从地面中心经卫星 1 转发到达用户，以及用户响应信号经卫星 1 反馈给地面中心站的总时长；Δt_2 是发射信号从地面中心经卫星 2 转发到达用户，以及用户响应信号经卫星 2 反馈给地面中心站的总时长；ρ_1 和 ρ_2 分别对应于信号经过 Δt_1 和 Δt_2 空间传播后信号传输路径长度，如图 1-2 所示。

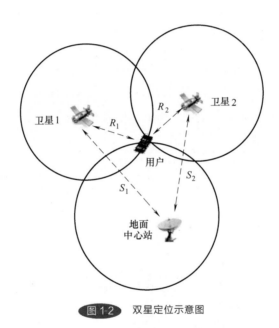

图 1-2　双星定位示意图

设地面中心站的坐标为 (x_0, y_0, z_0)，卫星 1 的坐标为 (x_1, y_1, z_1)，卫星 2 的坐标为 (x_2, y_2, z_2)，用户坐标为 (x, y, z)，则得：

$$\begin{cases} S_i = \sqrt{(x_i - x_0)^2 + (y_i - y_0)^2 + (z_i - z_0)^2} \\ R_i = \sqrt{(x_i - x)^2 + (y_i - y)^2 + (z_i - z)^2} \end{cases}$$

根据用户高程值信息 $H = \sqrt{x^2 + y^2 + z^2}$，将以上方程联立求解，可得到用户的位置信息。

全球卫星导航系统 GNSS 正在向着多频、多系统方向发展，目前主要有美国的 GPS、俄罗斯的 GLONASS、中国的北斗卫星导航系统（BDS）及欧盟的 Galileo 四大全球定位系统。

（1）美国的 GPS 卫星定位系统

美国的 GPS 卫星定位系统是最早研制成功，也是目前应用最为广泛的一个全球导航定位系统。GPS 系统可以提供的服务分为两类，分别是精密定位服务（Precise Positioning Service，PPS）和标准定位服务（Standard Positioning Service，SPS）。其中，PPS 主要服务于美国军方和取得授权的政府机构用户，系统采用 P 码定位，单点定位精度可以达到 0.29~2.9m。SPS 则主要用作民用，定位精度可达 2.93~29.3m。目前美国正加紧部署和研究 GPSⅢ计划，并将选择全新的优化设计方案，放弃现有的 24 颗中轨道卫星组网方式，采用全新的 33 颗高轨道加静止轨道卫星组网。据称与现有 GPS 相比，GPSⅢ的信号发射功率可提高 100 倍，定位精度提高到 0.2~0.5m。

GPS 发展可以分为以下 5 个阶段。

① 原理验证阶段：主要是为了验证 GPS 接收机可以得到较高的定位精度，以地面信号发射器模拟卫星系统，向用户设备发射模拟卫星信号，通过多次测量得到实验结果；

② 工程研制阶段：主要是为了检测 GPS 的性能，为正式工作阶段做准备；

③ 正式工作阶段：1989 年 2 月 14 日，第一颗 GPS 工作卫星发射升空，之后陆续发射了 24 颗导航卫星，GPS 星座基本建成；

④ 改进阶段：美国国防部为了提高定位精度，研制改进型卫星 BlockⅡR，并且解除了对 GPS 民用的限制；

⑤ 现代化阶段：为了弥补当前卫星系统的不足，保持 GPS 在导航系统中的霸主地位，美国从 1999 年开始启动卫星导航系统的现代化进程。在以前信号的基础上，增加新的军用和民用信号，相继发射了 BlockⅡR-M 和 BlockⅡF 卫星，并开始研发新一代 BlockⅢ卫星。

GPS 主要包括 3 个部分：空间部分、地面控制部分、用户部分。

空间部分：空间部分的卫星的主要功能有：向地面控制部分发射信号，以便地面控制部分计算卫星星历等信息；接收来自地面控制部分发送的信息，执行其中的控制指令，并对相关数据进行处理；向用户接收机发送导航信息，用于接收机定位。

GPS 系统的空间部分由 24 颗卫星组成，其中有 21 颗是工作卫星，3 颗是备用卫星。24 颗卫星拥有 6 个轨道，每个轨道上分布 4 颗卫星，每个轨道平面与赤道平面的夹角为 55°，轨道之间的升交点赤经相差 60°，卫星轨道的轨迹是接近正圆的椭圆，轨道平均高度为 20200km，运行周期是 11h58min。

GPS 在空间系统的分布能够使地面站在地球任意地点和任意时刻都可以观测到 4 颗以上的卫星，实现精确的定位。此外，3 颗备用卫星的存在增大了系统的容错性，如果某一轨道上的卫星发生故障，则可启用备用卫星代替故障卫星，确保系统性能不会大幅度下降。

地面控制部分：GPS 卫星地面控制部分由 3 部分组成：1 个主控站、3 个注入站和 5 个监测站。主控站设立在美国 Colorado Springs 的联合空间执行中心，3 个注入站分别位于大西洋的 Ascension、印度洋的 Diego Garcia 和太平洋的 Kwajalein，5 个监测站中有 4 个分布于上述 4 个地点，还有 1 个位于夏威夷。

主控站以大型电子计算机为主体，主要的工作包括：

① 管理和协调监控站和注入站的工作，诊断空中部分卫星和地面各个站的工作状况是否正常；

② 根据监测站测量得到的数据（气象参数、卫星时钟等）推算各个卫星星历、卫星钟差和大气层修正参数，并将这些参数发送给注入站，再由注入站发送给卫星；

③ 主控站中的原子钟为整个系统提供时间基准，监测站和卫星之间的原子钟往往与主控站时间不同步，钟差信息由主控站传送给注入站，再发送到卫星；

④ 调整运行时偏离轨道的卫星；

⑤ 若空中系统有卫星损坏，则启动备用卫星。

注入站的主要功能是接收主控站发送来的导航电文和其他控制指令等，将其转发到各个相应的卫星，并且确保转发信息的正确性。

监测站负责监测导航卫星的工作，检测各卫星是否正常工作，并测量其上空可见的导航卫星的伪距等信息，将测量的数据发给主控站。

用户部分：GPS 是无源系统，能够支持无数个用户，用户需要 GPS 接收设备接收卫星发送的信号并进行计算，得到其所在的位置信息。GPS 接收设备有很多类型，按载波频率可以分为单频接收机和双频接收机；按用途可以分为导航型接收机和测地型接收机；按工作原理可以分为码相关型接收机、平方型接收机、混合型接收机和干涉型接收机。

(2) 中国的北斗导航定位系统

北斗导航定位系统是我国拥有独立自主知识产权的卫星定位系统，该系统的建设目标是：建成独立自主、开放兼容、技术先进、稳定可靠、覆盖全球的北斗卫星导航系统，促进卫星导航产业链发展，形成完善的国家卫星导航应用产业支撑、推广和保障体系，推动卫星导航在国民经济社会各行业的广泛应用。

根据我国的战略方针，北斗卫星导航系统按照三步走的总体规划分步实施：第一步是建立区域有源系统，1994 年启动北斗卫星导航试验系统建设，即实施北斗一代导航系统的建设，2000 年形成区域有源服务能力；第二步是建立区域无源系统，于 2000 年启动北斗卫星导航系统建设，在 2012 年形成区域无源服务的能力；第三步是建立全球无源定位系统，于 2020 年形成能够提供无源定位的全球卫星导航定位系统。

2003 年我国成功发射了第 3 颗备用北斗导航试验卫星，标志着北斗一代导航系统正式建成，该系统能够全天候 24h 为区域性用户提供导航定位信息。北斗一代又称为北斗卫星导航试验系统，该系统也是由空间部分、地面系统部分和用户部分构成。

空间部分：北斗一代的空间卫星星座部分由 3 颗静止卫星组成，其中 2 颗是工作卫星，分别位于东经 80°和 140°；另外 1 颗是备用卫星，位于东经 110.5°，卫星所在的轨道高度为 36000km。空间卫星位于地球同步轨道，主要功能是为地面用户设备和地面中心站提供中继服务，每颗卫星主要由覆盖区域波束天线和变频转发器组成。

地面系统部分：地面系统部分也称地面中心站，由主控站、测轨站、气压测高站、校准站等组成。地面中心站的主要功能包括：

① 不断产生和发送测距信号，该信号由卫星转发到用户，询问用户是否需要相关服务（询问信号由地面中心站到卫星再到用户为一个出站链路）；

② 若用户需要定位或通信等服务，会向卫星发送相关的响应信号，地面中心站通过卫星会接收到该响应信号，与用户之间完成数据的交换（响应信号由用户到卫星再发送到地面中心站为一条入站链路）；

③ 地面中心站利用接收到的数据信息计算得出最后的定位信息，或将其他通信内容通过卫星转发给用户；

④ 根据需要可以临时控制部分用户设备的工作或者暂停对部分用户的服务；

⑤ 控制标校机的有关工作参数；

⑥ 监控卫星和地面应用系统的情况。

用户部分：北斗一代用户设备包括信号收发天线、混频放大设备、输入输出设备等。北斗一代使用有源定位方式，用户设备接收到地面中心站通过卫星发来的询问信号之后，提取其中的信息并根据自身需求向卫星发送响应信号。

北斗一代系统能够实现区域有源定位，具有如下优点：

① 北斗一代系统只需要两颗卫星即可实现定位，大大节省成本；

② 用户终端设备可以与卫星交互信息，故具有通信和传递短报文信息的功能；

③ 用户终端和地面控制中心都能得到用户定位信息，故在紧急情况下方便开展救援等工作。

不过，北斗一代也有很多的不足：用户定位信息的计算需要用户的高程值（指某一点相对地面的高度值）信息，定位精度依赖于高程值的准确性；定位精度低（20m 左右）；用户终端需要向卫星发送响应信号，容易被发现，不适合军用；不利于在高速移动环境下使用，限制了应用范围。

2007 年 4 月，我国发射了第五颗北斗卫星，标志着北斗二代导航系统正式进入建设阶段。北斗二代导航系统采用无源定位模式，系统的基本组成与 GPS 类似，也是由空间部分、地面控制部分和用户部分组成。建成的北斗二代卫星导航系统能够提供两种服务方式，即开放服务和授权服务，用来满足不同用户需求。开放服务和授权服务都可以提供定位、授时和测速等服务，不过授权服务具有更高精度，更安全可靠。此外，授权服务还能提供通信服务和系统完好性信息。

空间部分：北斗二代卫星导航系统的空间部分计划由 5 颗地球同步卫星、3 颗斜同步卫星和 27 颗中轨道卫星组成。其中，5 颗地球同步卫星分别位于东经 58.75°、80°、110.5°、140°和 160°，它们的用途是为用户提供短消息和报文等服务；3 颗斜同步卫星的用途是增加在亚太地区的定位精度；27 颗中轨道卫星位于 3 个轨道平面，轨道平面的倾角为 55°，轨道高度为 21500km，轨道面之间的间隔是 120°。

截至 2012 年，我国完成了三步走战略中的第二步，区域性无源定位系统正式建成，该系统包括 16 颗卫星，其中能够提供服务的卫星为 14 颗。14 颗工作卫星由 5 颗静止轨道卫星（同步卫星）、5 颗斜同步卫星和 4 颗中轨道卫星组成。2015 年和 2016 年相继发射 7 颗北斗导航卫星，北斗系统正在朝着第三步迈进，在 2020 年基本建成覆盖全球的北斗卫星导航系统。

地面控制部分：北斗二代卫星导航系统的地面控制系统由 3 部分组成：1 个主控站、2 个注入站和 30 个监测站。

主控站的主要功能是运行管理与控制。与 GPS 主控站类似，北斗二代卫星导航系统主控站负责接收监测站点的数据并进行相应的处理，将星历数据等信息编撰成导航电文传送给注入站。注入站的主要功能是将主控站发送过来的导航电文等信息发送给卫星。监测站的主要功能是接收卫星信号，检测卫星的工作状态并将信息发送到主控站。

用户部分：用户部分就是导航系统中的终端设备，终端设备的主要作用是接收卫星信号，按照相应的定位算法计算出自身所在的位置、速度和时间等信息。终端设备可以分为专用接收机和通用接收机。专用接收机只能用于一种导航定位系统，通用接收机能够适用于多种导航定位系统。

北斗二代导航系统相对于北斗一代导航系统有多方面的改进：采用无源定位的形式，用户设备不需要向卫星发送响应信号,只需接收信号并自行计算定位信息,隐蔽性高;北斗一代系统需要地面控制中心计算定位信息,所容纳的用户数有限,而北斗二代导航系统用户可以自己进行信息处理,容量不受限制;北斗二代导航系统空间可观测到的卫星至少是4个,不需要利用用户高程值进行计算。

由于卫星信号传输空间的不确定性,信号会受到电离层、云雾、楼宇、高架桥等多种因素影响,导致目前卫星定位不够精确,为了提高定位精度,中国提出了自己的解决方案,并建立了地基增强系统,将卫星信号经过算法和差分计算出来,最终实现高精度定位。考虑到沙漠和海洋等特殊区域的覆盖,还需建立星基增强系统,我国向全球开放了1545.955MHz星基频段,"天音计划"定位精度达到2~5cm。目前北斗卫星增强系统基本形成全球服务能力,中国在室外卫星导航定位方面已经走在世界前列。

(3)俄罗斯的GLONASS定位系统

GLONASS由苏联国防部于1976年开始研究,具有导航、授时、生态监控等功能。第一颗GLONASS卫星于1984年发射升空。苏联解体后,俄罗斯继续开展GLONASS相关的研究工作。1995年年底,GLONASS的卫星已全部发射升空,并于1996年投入运行使用。

GLONASS采用无源定位,也是由3个部分组成:空间部分、地面控制部分和用户部分。

空间部分:由21颗工作卫星和3颗备用卫星组成,并均匀分布在3个轨道平面上,每个轨道平面有8颗卫星,每个轨道的升交点(天体沿轨道从南向北运动时与参考平面的交点,常用的参考平面有赤道面、黄道面等)与赤经(在天球的赤道坐标系中,天体的位置根据规定用经纬度来表示,称作赤经、赤纬)相差120°,轨道的高度为19000km,运行周期为11h15min。

地面控制部分:由系统控制中心(System Control Center)和指令跟踪站(Command Tracking Station)组成,其中系统控制中心位于俄罗斯首都莫斯科,指令跟踪站位于俄罗斯全境内。指令跟踪站中包含高精度时钟和激光测距装置,主要作用是跟踪观测GLONASS卫星,采集和检测测距数据;系统控制中心的主要作用是收集和处理指令跟踪站采集的数据。最终指令跟踪站将卫星状态、轨道参数和其他导航信息上传给卫星。

用户部分:指能接收卫星信号并进行测量的GLONASS接收机,接收机能够接收GLO-NASS卫星信号并对其进行处理,计算位置、时间、速度等信息。由于GLONASS采用频分多址(Frequency Division Multiple Access,FDMA),与其他导航系统采用的码分多址(Code Division Multiple Access,CDMA)不同,所以接收机的设计比较复杂,接收机的开发难度变大,这导致生产GLONASS的厂家相对GPS较少,因此影响了GLONASS的广泛应用。

(4)欧盟的Galileo定位系统

Galileo系统是欧盟和欧洲航天局以及航空安全局共同负责的民用卫星导航服务系统,该系统能提供全球卫星导航服务。随着系统的发展,国际上包括中国在内的多个国家陆续加入到该计划当中。

Galileo系统也是由3个部分构成:空间部分、地面控制部分和用户部分。

空间部分:由30颗卫星组成,其中有27颗在轨工作卫星和3颗活动备用卫星。30颗卫星分布在3个星座轨道上,每个轨道分布10颗中高度轨道卫星,其中包括9颗在轨运行卫星和 1 颗备用卫星。轨道的高度是 23616km，轨道的倾角是 56°，卫星的运行周期是 14h。

地面部分：主要作用是将用户部分和空间部分连接起来，完成导航控制和星座管理等功能，为用户提供 Galileo 系统全方位的服务。地面部分主要由以下几部分构成：系统控制中心、传感器监测站（Sensor Station）、上行站（Uplink Station）、遥测跟踪指令站（Telemetry Tracking Command Station）及其他设施。其中系统控制中心有 2 个站，都位于欧洲，主要功能是完成对卫星的控制以及对导航任务的管理；传感器监测站遍布全球，共计 29 个站，主要功能是监测和接收卫星信号，监管系统提供的服务，完成被动测距和时间同步等；上行站也遍布全球，一共有 10 个，主要功能是实时分发完备性数据；遥测跟踪指令站共 5 个，遍布全球，其主要功能是完成 Galileo 卫星星座控制；其他设施用来支持地面通信卫星星座管理等功能，为 Galileo 系统改进和性能优化提供更好的支持。

用户部分：由导航定位终端组成，导航定位终端的主要功能包括导航定位功能和通信功能，可适用于汽车、船舶、飞机、手机等。2005～2008 年，欧盟发射 2 颗导航试验卫星，系统正式步入建设阶段。2015 年 3 月 27 日，Galileo 系统发射了 2 颗组网卫星，至此 Galileo 系统一共成功发射 8 颗卫星，其中 2 颗卫星退役，4 颗在轨，2 颗在轨测试。

目前卫星导航系统能够为空中、地面和海洋的众多目标提供定位和跟踪等服务，广泛地应用于军事和民用领域。许多亚洲国家开始使用北斗卫星导航系统，并在全球逐步推进网络部署。

目前全球范围内主要的 4 个 GNSS 相关参数和特点见表 1-1。

表 1-1 4 个主要 GNSS 特征比较

GNSS	GPS（美国）	北斗（中国）	GLONASS（俄罗斯）	Galileo（欧盟）
在轨卫星数	24	35	24	30
轨道面数	6	3	3	3
轨道倾角	55°	55°	64.8°	56°
运行周期	11h58min	12h50min	11h15min	14h22min
多址方式	CDMA	CDMA	FDMA	CDMA
轨道高度	20200km	21500km	19000km	23616km
时间系统	GPS 时间（GPST）	北斗时间（BDT）	GLONASS 时间（GLONASST）	Galileo 时间（GST）
位置精度（民用）	10m	10m	12m	欧盟承诺建成 1m
覆盖范围	全球	全球	全球	全球
主要业务类型	导航定位、授时等	导航定位、授时、通信等	导航定位、授时、通信、搜索救援等	导航定位、授时、通信、测速等

4 种定位系统为典型的 GNSS，都能完成导航定位、授时功能，有些系统还具有其他增强型功能。

采用全球导航卫星系统和低轨（Low Earth Orbit，LEO）卫星星座融合的定位技术，可实现更高精度的定位和导航，室外场景精度可达10cm，地面网络与非地面网络融合，可以实现全球范围内的高精度定位和导航，无论是市中心还是偏远地区。这将促进许多新业务的部署，如高精度用户位置服务、自动驾驶汽车导航服务、精准农业应用和机械施工。

高精度定位和导航可以有效提高农业生产效率和作业质量，例如更高的农业作业车辆的定位精度可以为精确整地、播种、耕作、施肥、植保、收割、喷洒、机械采摘等作业提供强有力的技术保障。

2）移动蜂窝网定位系统

移动蜂窝网定位系统在对基站进行区分和识别过程中，每一个基站都有自己的ID身份信息，通常是采用基站识别码形式来区分基站，当移动用户到达某个蜂窝基站时，手机会收到该基站的入站信号，同时获取基站识别码ID，并确定终端是在哪个基站服务范围内，以达到初步定位的目的。依据定位技术所采用的测量值，可以将基于移动蜂窝网的定位技术分为基于到达时间、到达角度、接收信号场强的定位技术及混合定位技术。基于移动蜂窝网的定位技术是目前比较常用的定位技术。

（1）移动蜂窝网定位系统分类

在蜂窝网中，按照定位主体、定位估计位置及所使用设备的不同，分为以下几种系统。

① 基于移动台的定位系统。该系统又称为前向链路定位系统或移动台自定位系统。在此过程中，移动台检测到多个位置已知的发射机所发射的信号，并按照信号中所包含的与移动台位置坐标相关的特征信息（如传播时间、时间差、场强、方位角等）来确定它与发射机之间的位置关系，依据相关定位算法计算出估计位置。

② 基于网络的定位系统。该系统又称为远距离定位系统或是反向链路系统。在这一过程中，多个位置固定的接收机对移动台发出的信号同时进行检测，并将接收信号中包含的与移动台位置相关的信息传送到网络中的移动定位中心（Mobile Localization Center，MLC），并由定位中心的分组控制功能（Packet Control Function，PCF）模块最终计算出移动台的位置估计值。

③ 网络辅助定位系统。该系统也属于一种移动台自定位系统。此过程中，多个网络中位置固定的接收机对移动台所发出的信号同时进行检测，并将接收信号中所包含的位置相关信息经过空中接口传送至移动台，并利用移动台中的PCF计算得到最终估计位置。这里，网络为移动台定位提供了必要的辅助信息。

④ 移动台辅助定位系统。该系统采用基于网络的定位方案。在定位过程中，移动台对多个位置的发射机所发射的信号进行检测，并将信号中携带的移动台位置相关信息经过空中接口送回网络中，并由网络MLC中的PCF模块算出移动台位置估计值。这里，移动台为网络定位提供了相关的检测信息。

⑤ GNNS辅助定位系统。该系统采用的是卫星系统定位方案，由网络中的GPS辅助设备和移动台中集成的GPS接收机对移动台进行定位估计。GNNS接收机通常具有首次定位时间（Time to First Fix，TTFF）问题，会造成比较大的定位时延，为了减少时延，地面蜂窝网络可给配备GNNS的UE（User Equipment，用户设备）提供一些含有卫星广播信息的辅助数据，使接收机能在任意时刻计算轨道位置，从而减小卫星信号搜索窗的大小。

（2）移动蜂窝网定位逻辑架构

目前人们接触的移动蜂窝网络主要是基于 4G 的网络，4G E-UTRAN 系统由于具有较为完备的测量和计算系统，而成为部署定位系统的主要移动蜂窝网络。移动蜂窝网定位的基本逻辑架构如图 1-3 所示。一般来说，定位基本过程由定位客户端（LCS Client）发起定位请求给定位服务器，定位服务器通过配置无线接入节点进行定位目标的测量，或者通过其他手段从定位目标处获得位置相关信息，并最终计算得出位置信息并和坐标匹配。需要指出的是，定位客户端和定位目标可以合设，即定位目标本身可以发起针对自己的定位请求，也可以是外部发起针对某个定位目标的请求；最终定位目标位置的计算可以由定位目标自身完成，也可以由定位服务器计算得出。

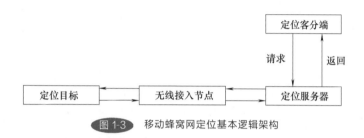

图 1-3 移动蜂窝网定位基本逻辑架构

E-UTRAN 的定位架构如图 1-4 所示，方框代表参与定位的功能实体，连接线表示实体间的通信接口以及相关协议。

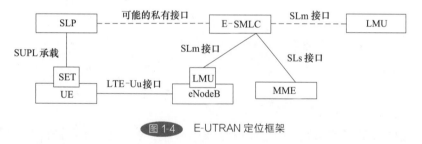

图 1-4 E-UTRAN 定位框架

下面给出所涉及网元的简要介绍，其中网元之间的连线代表彼此间通信使用的接口协议。

E-SMLC（Enhanced Serving Mobile Location Center，演进型服务移动位置中心）：通常可以被认为是控制面的定位服务器，可以是逻辑单元或者实体单元。

MME（Mobility Management Entity，移动管理实体）：EPC 核心网网元，一般可以通过 MME 完成控制面的定位请求，MME 可以接收其他实体请求，或者自己发起定位请求。

LMU（Location Measurement Unit，定位测量单元）：和 E-SMLC 交互测量信息，常用于上行定位测量，并且常和 eNodeB 合设。

SUPL（Secure User Plane Location，安全用户面定位）：定位信息通过 SUPL 协议在用户面进行交互及传输。

SLP（SUPL Location Platform，SUPL 定位平台）：是承载 SUPL 协议的实体，通常可被认为是用户面定位服务器。

SET（SUPL Enabled Terminal，SUPL 启用终端）：指用户面的定位目标。

UE 与 E-SMLC 实体间信令通过 LTE 定位协议（LTE Positioning Protocol，LPP）通信，eNodeB 与 E-SMLC 实体间信令通过 LTE 定位协议附加协议（LTE Positioning Protocol a，LPPa）通信。

　　E-UTRAN UE 定位流程主要涉及 UE、eNodeB、MME、E-SMLC 和 EPC 位置服务实体 5 个功能实体。具体流程如图 1-5 所示。

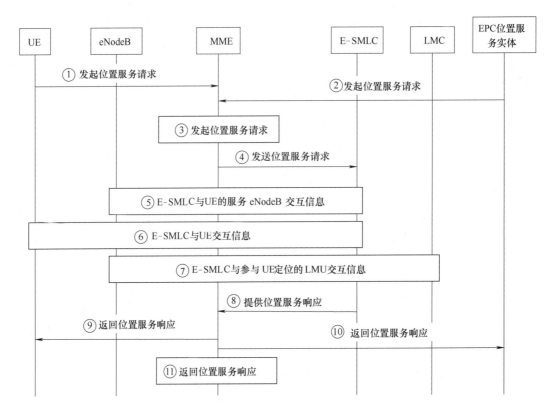

图 1-5　E-UTRAN UE 定位流程

　　① UE 通过 NAS 信令向服务 MME 请求某个位置服务（定位或提供辅助数据）。

　　② 在核心网中的一些实体向服务 MME 发起对目标 UE 的定位请求。

　　③ 服务 MME 自行决定对目标 UE 发起位置请求服务（如获取紧急呼叫 UE 的位置）。

　　④ MME 发送位置服务请求到 E-SMLC。

　　⑤ E-SMLC 与 UE 的服务 eNodeB 通过 LPPa 交互，获得定位观测量或辅助数据。

　　⑥ 承接步骤⑤继续执行，或用步骤⑥代替步骤⑤，对下行定位流程 E-SMLC 通过 LPP 与 UE 交互，进行位置估计或定位测量，或向 UE 发送定位辅助数据。

　　⑦ 对上行定位（如 UTDOA），除了执行步骤⑤，E-SMLC 还需与参与 UE 定位的多个 LMU 进行交互，获得定位观测量。

　　⑧ E-SMLC 向 MME 提供定位服务的响应，包括任何所需结果（如成功或失败的指示或 UE 的位置估计）。

　　⑨ 如果执行步骤①，则 MME 返回位置服务响应给 UE（如 UE 的位置估计）。

　　⑩ 如果执行步骤②，则 MME 返回位置服务响应到 EPC 实体。

　　⑪ 如果执行步骤③，则 MME 使用步骤⑧的位置服务响应，辅助步骤③触发的位置服务。

（3）移动蜂窝网定位方式

移动蜂窝网定位技术主要采用以下几种定位方式：A-GNSS 定位、E-CID 定位、观察到达时间差定位（OTDOA）、上行到达时间差定位（UTDOA）、射频图样匹配定位（RFPM）等。

而 3GPP 对蜂窝网定位技术的标准化一直在不断演进，从室外场景持续演进到室内定位，3GPP 关于高精度定位，无论从技术角度还是实现角度，都提出了更多更全面的解决方案。

① A-GNSS 定位。在蜂窝网络中，利用 A-GNSS 定位技术（如 GPS、Galileo 或北斗导航系统），可实现在地面网络的辅助下提高卫星信号接收的灵敏度和速度。同时蜂窝网络可以辅助 GPS 减少定位时延，其基本原理如图 1-6 所示。

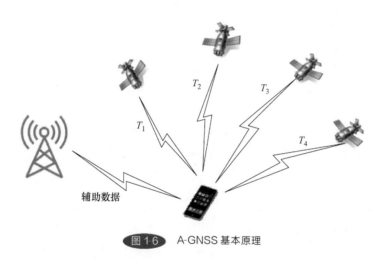

图1-6 A-GNSS 基本原理

GNSS 接收机通常具有首次定位时间（TTFF）问题，会造成比较大的定位时延。为了减少 TTFF，地面蜂窝网络可给配备 GNSS 的 UE 提供一些辅助数据，辅助数据含有卫星广播信息，使接收机能在任意时刻计算轨道位置，从而减小卫星信号搜索窗的大小。UE 关于位置和时间的信息越精确，所需搜寻卫星信号的搜索窗就越小。UE 通过测量所接收到的卫星信号来确定自己的位置并将其上报给 E-SMLC。E-SMLC 在计算 UE 位置时可考虑额外的一些辅助因素，但是终端上报的 GNSS 估计信息会作为主要指标参数。

A-GNSS 技术很大程度上依赖于终端性能，UE 需要配备 GPS 模块，这将带来成本的增加和终端耗电量的增大。同时，GPS 定位技术虽在室外导航领域可以达到很高的定位精度，但是往往适用于定位位置在卫星可见或轨道所经过的范围，而在室内或建筑物高大密集的城区等地方有很大的局限性。总体来说，A-GNSS 定位作为定位精度相对较高的一种方式，在终端支持的情况下，可在较大范围使用。

② E-CID 定位技术。CID（小区标识）是以 UE 所属服务小区来确认用户位置的。无线网络中基站的 ID 在全世界是唯一的。CID 也即小区全球识别码（Cell Global Identifier，CGI），由位置区识别码（Location Area Identity，LAI）和小区识别码（Community Identity，CI）两部分组成。LAI 由移动国家代码（Mobile Country Code，MCC）、移动网络代码（Mobile Network Code，MNC）和位置区代码（Location Area Code，LAC）组成。

各大运营商可以通过网络信息实时查询的方式获得 CID，从而实现各自的定位业务。如中国联通和中国移动的粗定位业务中心（General Location Service Center，GLSC）、中国电信的移动粗定位平台（Mobile Advanced Location System，MALS）。

CID定位基本工作原理是由定位平台向核心网发送信令，查询手机所在小区ID，无线网络上报终端所处的小区号（从服务基站 Serving eNodeB 获得，或者需要核心网寻呼唤醒UE），位置业务平台根据存储在基站数据库中的基站经纬度数据，将定位结果返回给服务提供商，得出用户大致位置。

CID定位方案实现简单，适用于所有的蜂窝网络，无需在无线接入网侧增加设备，对网络结构改动小，成本低；不需要增加额外的测量信息，不需要改变网络结构，只需加入简单的定位流程处理；由于不需要 UE 进行专门的定位测量，并且空中接口的定位信令传输很少，定位响应时间较短，一般在 3s 以内；定位精度较低，取决于基站或扇区的覆盖范围，在市区一般可以达到 300～500m，郊区误差甚至可达几公里。

3GPP 在 Release 9 中定义了 CID 方案，在后续版本中进一步给出了 E-CID 的定位方案。E-CID 方案在具备小区 ID 信息的基础上，通过获得天线 AOA 信息、时间提前量（Timing Advance，TA）、往返时间（Round Trip Time，RTT）信息，进一步提高精度。对于UMTS 而言，可以考虑结合 RTT 参量，还可以考虑信号接收强度，以修正 CID 定位结果，提高定位准确度。

RTT 用于估计 UE 与 eNodeB 的距离，而无法获得 UE 的方位角度信息。eNodeB 可以通过智能天线测量得到 UE 上行发射的 AOA，进一步确定用户的准确位置，如图 1-7 所示。

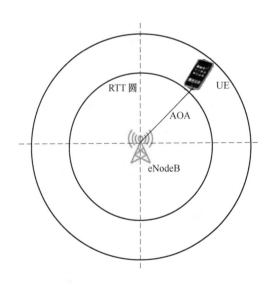

图 1-7　E-CID 定位方法（RTT+AOA）

在获得 RTT 和 AOA 之后，UE 的位置就能较准确地估算出来，即 UE 大致位置在以服务基站为圆心，UE 与基站距离为半径，结合 AOA 角度确定的一个较准确的位置或区域。通常，RTT＋AOA 的定位精度在视距（Line Of Sight，LOS）和非视距（Non Line Of Sight，NLOS）场景下分别大约为 50m 和 150m。该定位技术所需智能天线要求较高，且定位精度仍不能满足大多数业务的需求。在 CID 定位的基础上引入 RTT、AOA 的信息增强，虽然能够在一定程度上提升定位精度，但仍无法做到高精度定位。

③ OTDOA 定位。早在 WCDMA 系统中就已经开始研究可观察到达时间差（Observed

Time Difference Of Arrival，OTDOA）技术，但由于 WCDMA 系统并不是一个严格同步系统，各个基站之间的时钟误差导致 OTDOA 技术部署成本增加，商用十分困难。

而演进到 LTE 之后，TDD 技术要求严格同步，同时 FDD 系统也较多部署 GPS，OTDOA 从技术上具备了实现的基础。在 LTE Rel-9 版本中，基于 UE 对参考信号测量的 OTDOA 定位技术开始标准化。Rel-9 定义了该定位方案，Rel-11 和 Rel-12 进一步引入了增强方案，Rel-13 将对室内定位提供支持的增强方案扩展为经度、纬度、高度三维信息。

LTE 系统中，OTDOA 定位是基于 UE 测量服务小区和相邻小区的参考信号到达 UE 处的时间差，也称为参考信号时间差（Reference Signal Time Difference，RSTD）。由于测量参数是时间差而非绝对时间，因此不必满足基站与终端之间必须时间同步的要求。

为了准确定位 UE 的位置，蜂窝网络需要准确知道基站发射天线的位置和每个小区参考信号的到达时间。移动终端对基站发送的特定信号进行监听并测量出信号到达两个基站的时间差，每两个基站得到一个测量值。基于 OTDOA 的定位方法如图 1-8 所示，3 个基站得到两个双曲线定位区，交叠区域即为移动终端的估计位置。结合一些逼近算法，可以得到更确切的 UE 位置。

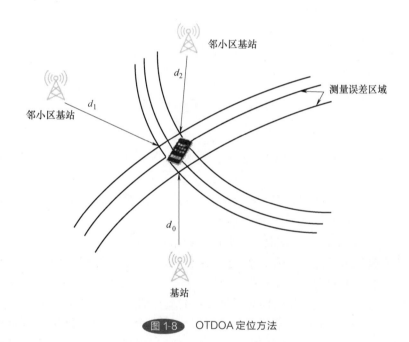

图 1-8　OTDOA 定位方法

OTDOA 的定位精度较大程度上受到环境的影响，在郊区和农村可以将移动台定位在 10～20m 范围内；在城区由于高大建筑物较多，电波传播环境欠佳，信号很难直接从基站到达移动台，一般要经过折射或反射，非视距的传输会影响定位精度，定位范围为 100～200m。一般情况下 TDOA 定位响应时间范围为 3～6s。

④ UTDOA 定位。UTDOA 定位基本原理是利用多个 LMU 测量从 UE 发送的上行参考信号，LMU 结合定位服务器的辅助数据测量接收信号，然后将得到的测量结果用于估计 UE 的位置。UTDOA 定位中使用的是上行参考信号，eNodeB 侧不同小区的 LMU 测量 UE 上行参考信号的接收时间差，进而估算得到 UE 位置，无需 UE 参与定位测量及运算。

上行参考信号大部分基于 Zadoff-Chu（ZC）序列，具有良好的自相关性和互相关特性。

UTDOA 定位一般采用上行参考信号为探测参考信号（Sounding Reference Signal，SRS）。为了获得上行链路测量值，LMU 需知道由 UE 发送的 SRS 信号的特征，用于计算上行链路测量值，这些特征在上行链路测量过程中相对于周期性发送的 SRS 信号应该是静态的。

E-SMLC 配置使用上行链路定位的信息请求，从 LMU 获取用于计算 UE 位置的测量结果。这里首先需要指示服务 eNodeB 配置 UE 发送 SRS 信号，并从 eNodeB 提取目标 UE 配置数据。UTDOA 上行定位信息请求的信令流程如图 1-9 所示。

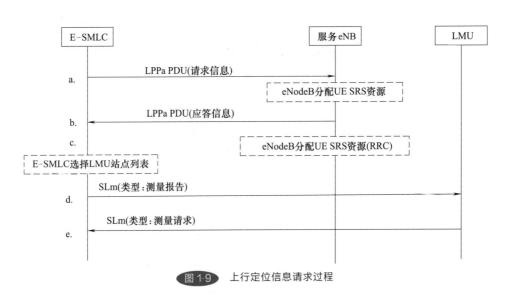

图 1-9   上行定位信息请求过程

各步骤具体执行如下：

a. E-SMLC 发送请求消息（LPPa PDU）到服务 eNodeB，eNodeB 为目标 UE 分配周期的 SRS 资源。

b. 服务 eNodeB 确定是否进行资源分配，如需分配，则发送一个包括所分配的资源和相关参数的应答信息（LPPa PDU）返回给 E-SMLC。

c. 如果 eNodeB 确定资源可分配，则分配资源给目标 UE。

d. E-SMLC 选择用于 UTDOA 定位的一组 LMU，并且发送包含 SRS 配置的测量请求信息（通过 SLm 接口）给每一个 LMU。

e. 每个 LMU 回报给 E-SMLC 针对目标 UE 的上行测量报告。

上行 UTDOA 定位由于对终端透明，仅由网络侧负责定位参数收集，因而具有一定的部署优势。但是因为上行信号发送功率受限，能够同时接收到同一个 UE 上行信号的小区有限，在信道状况较差的情况下，有效信息甚至无法达到必要的节点数，这时上行 UTDOA 的测量就会受到限制。因为要计算同一个上行信号到达不同 LMU 的时间差信息，这就要求站点之间严格同步。基本来说，在信道状况、接收节点数足够的情况下，上行测量精度和下行 OTDOA 测量精度基本相当。

以上两种 TDOA 定位方案由于不要求移动台和基站之间同步，只要求基站间同步，在误差环境下性能相对优越，定位精度较高，其精度高于 TOA 定位。同时，它具有搜索时间快、不需要添加额外设备的优势，在蜂窝通信系统的定位中备受关注。

⑤ RFPM 定位。LTE Release12 版本中，引入了射频图样匹配（Radio Frequency Pattern Matching，RFPM）定位技术。RFPM 定位技术是 LTE-A 系统中一种定位精度较高的

定位方法，它通过 RF 测量值来构建定位数据库，在定位阶段通过 UE 测量 RF 参量，然后与数据库存储的 RF 参量进行匹配，得到 UE 的估计位置，不受阻挡物和多径的影响。

RFPM 技术的实现原理如下。

首先，对 eNodeB 覆盖区域小区进行栅格化，在每个栅格中心点测量射频信号，获得 TA、参考信号接收功率（Reference Signal Receiving Power，RSRP）、参考信号接收质量（Reference Signal Receiving Quality，RSRQ）等测量值，建立数据库。数据库中每个中心点的坐标与一组测量值相对应。

当 UE 在小区内某一位置发起定位请求时，UE 测量接收信号的射频特征获得 TA、RSRP/RSRQ 测量值，然后按照一定匹配准则与数据库中的数据进行匹配，选取相关性最大的栅格中心坐标作为 UE 的估计位置，如图 1-10 所示。

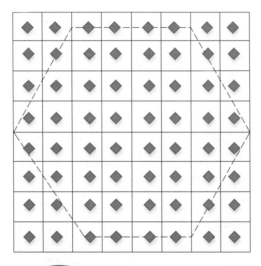

图 1-10　eNodeB 覆盖区域小区栅格化

RFPM 定位技术相比于其他蜂窝网定位技术有一定的优势。它不需要对 UE 端增加任何软硬件，只需测量并上报所需测量值即可，更适用于室内或者较为复杂的环境，不受阻挡物和多径的影响，只需要测量某一地点的射频参量，与环境的相关度比较小。但 RFPM 定位精度与所划栅格大小密切相关，如果栅格较大，定位精度会下降；而如果栅格太小，则需要大量的路测，数据库更新和维护的工作量也会急剧增加。此外，如果周边环境发生重大变化，则需要对数据库进行相应的更新。

目前，对于室外部署的 5G 网络，性能目标包括：水平定位误差小于 10m，垂直定位误差小于 3m，水平和垂直定位可用性均达到 80%。6G 网络提供更精确的定位能力，室内和部分室外场景下的定位能力均达到厘米级，相对而言室内环境更加复杂、更具挑战性，因为墙壁、家具、设备和人等障碍对 6G 信号的传播影响很大。

6G 网络提供有源和无源的定位服务。对于有源定位，设备的位置信息来源于接收到的参考信号或目标设备的测量反馈。而无源定位更像雷达检测，需要处理散射和反射信号的时延、多普勒频偏和角度谱信息（描述环境物体的距离、速度和角度）。还可以进一步处理信号，以提取坐标、方向、速度和其他三维空间的几何信息。值得一提的是，高精度测距也可以实现对工业网络非常重要的精确时钟分发和同步。

得益于更高的带宽、多频谱的应用以及更大的天线阵列孔径，6G 中的通感一体化系统能够提供出色的多径解析能力，并利用多径信息获得更好的定位和追踪性能。

3）雷达定位系统

该系统主要应用在航空和航海等领域，利用天基、陆基或海基雷达，主动或被动地对陆地、海上及空中目标进行目标发现、跟踪或定位。其原理是雷达设备的发射机通过天线把电磁波能量射向空间某一方向，处在此方向上的物体反射碰到的电磁波，雷达天线接收此反射波，送至接收设备进行处理，提取有关该物体的某些信息（目标物体至雷达的距离，距离变化率或径向速度、方位、高度等）。

雷达定位主要测量目标的两个信息，即距离和目标方位。

测量距离实际是测量发射脉冲与回波脉冲之间的时间差，将时间差除以 2，再乘以光速，就可以得到目标到雷达的距离。

目标方位是目标来自哪个方向，雷达主要测量目标所处的仰角和方位角，主要是通过雷达天线的方向性实现的。雷达发射的波束像探照灯的光柱一样，具有很强的方向性，照到哪个方向上看有没有目标的回波，没有就换个方向，有的话就记下角度，所以雷达天线在不停地换方向，以实现大空域的探测覆盖，也就是"扫描"。

有了目标的相对雷达的距离信息和角度信息，就可以知道目标相对雷达位置，从而实现定位。

室外定位已经为大家所知晓，并与我们生活息息相关。我们很多人的手机装有百度地图、高德地图、QQ 地图、谷歌地图或苹果地图等地图软件，这些地图软件具备导航和定位功能。通过导航功能，人们可以根据自己导航需要设定目的地，并在导航指引下到达目标区域。导航建立的前提是定位系统对安装有定位软件的移动目标能够提供位置服务，能够提供在线或离线地图，并在卫星导航定位系统的规划指引下提供移动目标的跟踪和定位服务。目前的卫星导航系统在室外有广泛的应用，但是在室内，它们的优势并不明显。

1.2.2 室内定位

LBS 在室内场景下的应用也相当广泛，比如商场或超市购物、仓库物品管理、图书馆图书管理等。室内定位过程中，由于目标物体所处地理位置的特殊性，无线信号传输会受到高大建筑物、室内外墙体、室内物品及人员活动等因素的影响，将会导致非视距传输、多径传输、漫射、散射、遮挡甚至屏蔽等不利因素发生，将对用于室内定位的无线信号带来灾难性后果。

为满足室内 LBS 定位性能要求，近年来国内外学者及科研机构研究利用无线局域网（Wireless Local Area Network，WLAN）、射频识别（Radio Frequency Identification，RFID）、超宽带（Ultra Wide Band，UWB）、蓝牙（Bluetooth）等无线网络来实现室内移动终端的定位技术，其定位精度可达米级，而采用 UWB 技术定位，其精度甚至可达厘米级。

无线局域网的发展主要基于人们对室内定位的需求。与室外定位相比，室内定位技术的起步较晚，但发展较为迅速。人们对室内环境下的定位、导航需求越来越大，例如医院对病人和医疗设备的跟踪和管理，机场、展厅、博物馆、酒店等场馆的人员导航，矿井、建筑物内发生火灾等紧急情况时的人员定位和线路规划，以及在仓库、停车场等场所物品和车辆的管理等。

无线局域网具有传输速率高、安装便捷等特点，覆盖了人们活动的大多数区域（如办公楼、宾馆、车站、家庭、学校、超市等），使人们在日常生活工作中可以随时随地快速接入网络。室内定位系统可以在无线局域网中获取无线局域网信号，并对信号进行处理，提取与目标位置相关的信息（如信号强度等），运用定位算法来估计目标的位置。

（1）红外线室内定位技术

红外线（Infrared，IR）室内定位系统通常由红外发射器和红外接收器等设备组成。通常情况下，发射器是固定在空间的某些网格节点上，接收器安装在待定位目标物体上，安装了接收器的接收端可以作为移动终端，并可根据环境情况进行移动，发射器可通过发送红外光对目标物体进行跟踪定位。红外线室内定位的早期系统被称为 Active badge。

红外线定位具有定位精度高、反应灵敏等特点。红外线定位局限在视距范围内，在非自然空间传输过程中衰减很大，不适合远距离传输，较容易受到其他光源（比如荧光灯）、电磁信号的干扰。

虽然红外线定位具有相对较高的室内定位精度，但是由于光线不能穿过障碍物，所以红外射线仅能采用视距传播方式。当标识放在口袋里或者有墙壁及其他遮挡时，定位系统便不能正常工作，需要在每个房间、走廊安装接收天线；尽管单个器件成本不高，但是作为完整的定位系统，就需要部署成本比较高的光学传感器，无形中增加了系统成本。因此，红外线只适合短距离传播，在医疗、机械、消防、军事方面都有重要应用。

（2）超声波室内定位技术

超声波（Ultrasound，US）是指超出人耳听力阈值上限 20kHz 的一种声波信号，能够在固体、液体和气体等弹性介质中进行传播。超声波定位技术主要是利用超声波作为定位信号，信号发生器发出的超声波信号在遇到障碍物（待定位物体）时被反射回来，在知道信号传播速率和测定到信号传输时间条件下，就可以计算信号发生器和待定位目标物体间的距离，进而实现定位的目的。

早期主要有剑桥大学（University of Cambridge）和麻省理工学院（Massachusetts Institute of Technology，MIT）开发超声波定位系统，其中剑桥大学开发出基于超声波的 Active Bat 定位系统。由于超声波在空气中的振荡频率比较低，能够用于室内超声波定位的频率一般只有 40kHz 左右。超声波定位有定位精度高、系统结构不复杂、具备一定的抗干扰能力、不容易受到光作用的影响等优点；但是超声波若用在室内定位中，则面临复杂室内环境的反射和散射，导致信号多径传输，势必会影响定位效果和精度。因此要实现理想的室内定位，还需要结合其他定位技术，才会有比较好的定位效果，比如 MIT 开发的 Cricket 定位系统结合了超声波和电磁波技术。超声波接收模块和发射模块价格高，对于大规模布局来说系统成本过高，故实现大规模应用会有一定的难度。

（3）蓝牙室内定位技术

蓝牙（Bluetooth）是一种短距离无线通信技术规范，由爱立信于 1994 年提出，并由东芝、爱立信、诺基亚、IBM 和英特尔五家公司成立了蓝牙特别兴趣小组（SIG）。蓝牙定位系统通常采用基于传播时间的测量和基于信号衰减的测量两种测量法来实现定位。由于蓝牙信号传输距离短，时间测量会对时间同步和设备精准度要求过高，所以采用基于接收信号强度（Received signal strength，RSS）的定位方式定位比较易于实现。因蓝牙定位系统相关设备体积小，可以集成在 PDA、PC 机及智能手机等便携式设备中，同时在室内定位中可以有很好的应用，故容易推广。

（4）RFID 射频识别室内定位技术

RFID 是指利用射频集成电路发送电磁信号，通过电子标签对电磁信号进行响应，通过电子标签和阅读器的电感耦合，实现对电磁信号参数（信号强度、传输时间或瞬时相位）的采集和存储，是一种近距离非接触式的自动识别技术。RFID 系统设备便宜，在物流跟踪、仓库物资存储、商场物品调度、交通管理和室内定位等领域有广泛的应用。由于 RFID 具有近距离感应的特点，所以 RFID 定位系统通常采用基于接收信号强度（RSS）的定位方法来实现定位。

RFID 定位系统主要是由 RFID 电子标签（主动标签或被动标签）、RFID 阅读器和定位服务器三个部分组成。通过电子标签和读写器位置关系，利用他们之间信号传输时间、信号强度变化、到达角等参数实现两者间的距离测量，最终达到定位目标位置的目的。定位过程中可以基于阅读器位置确定实现定位，也可以实现对粘贴电子标签的目标物体进行位置跟踪定位。

RFID 定位系统定位时效性好，定位精度达到厘米级，并且容易实现，设备还可以重复使用且寿命长，大大降低了系统成本，是一种比较理想的无线定位方式。但该定位系统容易受到电磁干扰、环境改变、气候变化、光照差异等外界因素影响，不适合远距离定位，主要应用在室内小环境条件下视距定位，并借助于其他定位技术一同来完成定位。IBM 提出了一套使用 RFID 技术的 BlueBot 定位系统，这套系统创新的地方在于引入 WiFi 技术和 RFID 技术相结合的定位方式。

（5）超宽带室内定位技术

超宽带（Ultra Wide Band，UWB）定位是一种基于极窄脉冲波的无线电定位技术，其工作频率为 $3.1\sim10.6$GHz，定位系统主要由参考标识、主动标识和接收机三个部分构成。定位精度主要取决于硬件设备的距离分辨率和角度分辨率。由于超宽带信号拥有极高的带宽和极窄的脉冲时间跨度，因此具有极高的距离分辨率。超宽带定位技术主要的优点是定位精度高、系统功耗低、抗外界干扰强、穿透障碍物能力强、对信号传输信道衰减不敏感。在二维空间中采用 TOA（Time of Arrival）方法实现定位，在三维空间中主要采用 TDOA（Time Difference of Arrival）、AOA（Angle of Arrival）或者两者结合方法实现定位；若发射机和接收机的时间同步匹配较好，系统定位可以获得厘米级的定位精度。但超宽带定位同样局限于视距定位，在非视距情况下无法实现高精度定位；同时该系统发射功率较大，会对周围电磁环境产生干扰，对人体健康也会产生不利影响，再加上设备成本过高，这就限制了该系统在室内定位的广泛应用。

（6）ZigBee 室内定位技术

ZigBee 定位系统主要由网关节点、参考节点和移动节点构成。ZigBee 既适合组建无线传感网络 WSN（Wireless Sensor Networks），也非常适合室内定位的应用。其定位方法主要有基于信号传播模型和基于信号指纹两种。ZigBee 联盟已经推出了许多室内定位的解决方案。德州仪器公司（Texas Instruments，TI）推出了基于 CC2431 的 ZigBee 定位系统，国内成都无线龙通讯科技有限公司推出 C51RF-CC2431 无线实时定位系统。在典型的定位应用中定位可实现 $3\sim5$m 精度，0.25m 的分辨率。ZigBee 定位具有低能耗、低速率、延时短、低成本、高容量、高安全性和高可靠性等优点。但 ZigBee 定位系统主要是使用窄带信号，同时受到多径传输的影响，定位精度有一定的局限。若采用带宽为 80MHz 的改进外边接口芯片（PHY），定位精度可达到 1m 左右。

（7）麦克风阵列定位技术

麦克风阵列是指由一定数量的麦克风按一定的几何结构进行布局形成阵列。该阵列可以从所需要定位的方向采集声波，同时抑制其他方向的声波和环境噪声，具备良好的方向选择性。麦克风阵列在定位时主要是通过对阵列信号进行处理，采用波达方向（Direction of Arrival，DOA）或波达角（Angle of Arrival，AOA）来估测信号源的位置。

麦克风定位技术主要有基于时延估计的定位技术、基于最大输出功率的可控波束形成的定位技术和基于高分辨率谱估计的定位技术，这三类定位技术各有优缺点。麦克风阵列定位主要有计算量大、实时处理效率低、信号稳健性不够高等缺陷。

随着各省市对市内车辆乱鸣开始进行治理，如何发现街道上众多车辆中是哪一辆车鸣号并及时进行违章拍照，成为一个主要技术问题，这涉及基于声源定位技术的应用。交通系统的麦克风阵列定位技术完全可以实现鸣号汽车的定位，并且在定位到鸣号汽车的同时进行拍照取证。在智能机器人听觉研究中，智能机器人能够发现与自己进行语音交互的人在什么位置，并调整自身头部转向对话人，能够调整姿态，让自己与人对视并进行语音交互，该定位技术是建立在声音定位原理的基础上，即麦克风阵列定位技术。可以预见，未来麦克风阵列定位技术会在更多的领域得到更广的应用。

（8）WiFi室内定位技术

WiFi，是无线保真（Wireless Fidelity）的一种简写，是基于IEEE 802.11的规范的统称，WiFi最基本的用途是实现短距离无线通信。由于系统的特殊性，电波传输中很多信号特征可以在其他应用领域发挥作用，比如可以用于室外和室内对特定目标进行定位。目前已有多种基于信号接收强度的WiFi定位技术，总体分为两种：基于无线信号传播模型的定位方法和基于信号指纹的定位方法。

在中国推出"智慧+"建设的大背景下，智慧城市、智慧交通、智慧家庭及智慧教室等新概念不断被提出，这些智慧功能的实现基本上是建立在无线局域网应用的基础上，即依托无处不在的WiFi信号覆盖。当然室内定位也离不开WiFi定位技术，利用室内现有的WLAN网络环境，通过无处不在的无线路由器为我们提供WiFi信号，可以降低成本，并满足人们对目标物体进行无缝的监测、跟踪和定位等实际需要。WiFi定位技术是目前定位技术中比较理想的一种，主要应用于室内环境下移动目标的定位。

（9）SLAM室内定位技术

同时定位与地图构建（Simultaneous Localization and Mapping，SLAM）是一种自适应的室内定位系统。SLAM定位是指在一个未知环境中迭代估计一个移动平台的未知运动，由此来确定包含特征（也称为路标）的环境地图，并在各自信息的基础上，确定移动平台的绝对位置。SLAM在自主车辆及智能机器人的定位应用中越来越引起人们的关注。基于SLAM的室内定位技术可以采用多种测距方法，包括主动立体成像、静态单眼、双眼或三眼成像等。其定位效果受到制图质量、存储空间、运算时间及环境变化等多方面因素的影响。

（10）室内电力线定位技术

电力线定位是近几年才提出来的，其工作原理是利用无处不在的电力网资源，根据电流在导线传输中产生的电磁特性，在目标物体中配备相应的感应设备，通过对电磁耦合等属性测算，最终估计出目标物体的大概位置，达到对移动物体进行定位的目的。利用电力线定位技术，可以实现在楼宇、家庭和其他室内场景中的多目标跟踪定位。电力线定位系统设备价格低廉，不需要添加其他额外设备，定位容易实现，有一定的应用推广空间。

（11）LTE室内高精度定位技术

基于长期演进（Long Term Evolution，LTE）的室内高精度定位系统包括无线信号观测点（天线）、定位设备处理器和用户位置信息服务器等，如图1-11所示。

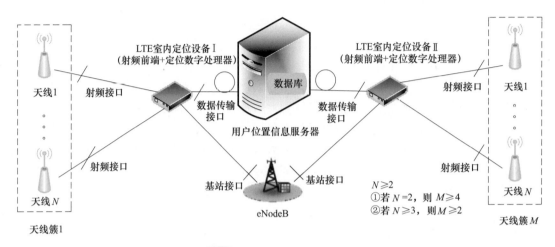

图 1-11　LTE 室内定位系统框架

其中基站与观测天线的接口用来传送LTE上行信号，多个天线组成天线簇，不同簇间的天线可以不同步。定位设备处理器用于射频前端信号处理，获取天线簇内的用户信号时间差。用户位置信息服务器负责处理来自多个天线簇的检测结果，通过创新定位算法获取用户位置信息，并且完成用户位置信息的存储与更新。该系统的信号处理流程如图1-12所示。

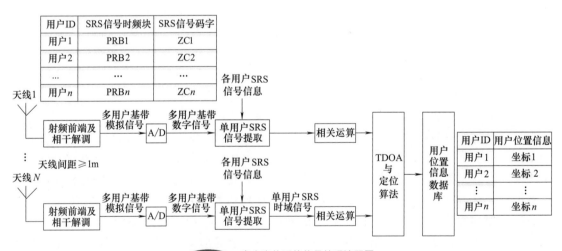

图 1-12　室内定位系统信号处理流程图

无线定位设备需要从基站获取多用户SRS信号的频域与码字信息，并且实现单用户SRS信号的提取功能，通过对不同天线接收到的信号与本地信号进行相关分析，得到信号的TDOA，将天线位置和相应的TDOA作为无线定位算法的输入参数，然后通过定位算法实现用户定位。用户位置信息通过有线/无线传输回传到用户位置信息服务器上，并且需要对用户位置信息数据库进行周期性（或者触发性）更新。

1.2.3 其他定位技术

除了上述常见的定位技术或方法外，近几年还出现了一些新兴的定位技术，主要有以下几种。

（1）地磁定位

地磁场是地球的固有资源。鸽子、鲸鱼及候鸟等动物依靠地磁导航，地磁还可以为人们的航空、航天、航海提供天然的坐标。地磁定位主要是通过地磁传感器测得地磁实时数据，并与存储在计算机中的地磁基准图进行匹配以实现定位。由于地磁场为矢量场，在地球近地空间内任意一点的地磁矢量都不同于其他地点的矢量，且与该地点的经纬度存在一一对应的关系，因此，理论上只要确定该点的地磁场矢量即可实现全球定位。地磁导航作为一种新兴的导航技术，具有不受地形、位置、气候等外部环境限制，可实现全地域、全天候导航的优点，能够有效弥补现有导航方法的不足，因而具有广阔的应用前景。地磁导航主要包括 3 个分支领域：磁场测量技术、全息磁图数字化技术、定位与导航技术。

（2）气压计定位

气压计定位主要根据不同高度气压的变化对定位目标的高度进行估计。由于受到技术和其他方面因素的限制，GPS 在定位中的高度一般误差都会在 10m 左右，所以在手机原有 GPS 的基础上再增加气压计，可以使定位更加精准。在一些复杂路况的城市交通中，加入了气压计后，导航软件可感应气压变化，实现高架桥区域、电梯楼层及室内停车场楼层的垂直定位，并进行精确位置判断，从而为人们生活带来更为精准的导航服务。此外，气压计定位也可以为用户提供所在楼层信息，这种垂直定位信息在高楼林立的城市中尤为重要。

（3）可见光定位

在室内可见光（Light Emitting Diode，LED）定位系统中，由天花板上固定位置的 LED 阵列发射带有位置信息的光信号，经编码调制后由移动目标携带的光探测器接收光信号，通过解码、解调等信号处理后恢复出原始信号，再由相应的定位算法分析得到移动目标的位置。

（4）视觉定位

视觉定位可以描述为运动载体通过视觉设备观察场景，再通过图像分析、目标识别等技术，计算载体在视觉坐标系下的全局位置，或是载体相对场景中特定参照物的局部相对位置。其定位原理是通过机器设备所带的 CCD 将采集到的实物图像传输到 PLC 图像处理系统，通过图像处理定位软件计算出偏移位置及角度，然后反馈给外部平台运动控制器，通过精密伺服驱动完成位置纠偏功能。视觉定位系统常规设备配置有：对位用相机及镜头、光源、定位主机及 PLC 程序软件、显示器、人机界面、操作手柄、伺服马达及驱动设备、运动控制器等。

（5）IP 定位技术

IP 定位技术是根据 IP 地址对用户终端进行定位的一种技术。IP 定位提供商需要构建和维护 IP 地址-地理位置的数据库。其定位原理是客户端发出的数据包（源 IP、源端口、目的 IP、目的端口、协议号）通过 Internet 到达 IP 定位技术平台，IP 定位技术平台根据收到的数据包的源 IP 地址查询 IP 地址-物理位置数据库获得对应的地理位置，地理位置的表示方式包括经纬度、国家或者城市名称等。IP 定位平台一般部署在 Internet 下，其应用受限于被定位用户所在的网络环境（ADSL、LAN 拨号上网，企业公司等单位自建私有网及手机上网等），定位精度不高。互联网提供 IP 定位的服务方式主要包括 HTML 及 HTML5 等多种方式。

1.3　无线定位系统构成

无线定位系统主要由无线信号接收、参数估计、位置计算及位置显示与应用这 4 个部分组成，如图 1-13 所示。

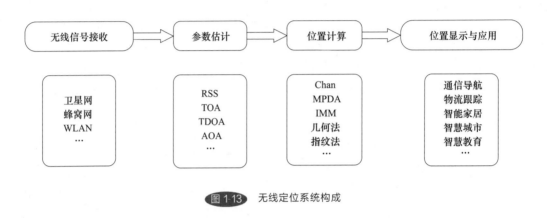

图 1-13　无线定位系统构成

（1）无线信号接收

无线定位技术能够利用包括卫星信号、移动通信基站的蜂窝信号、无线局域网信号等在内的无线信号，为不同用户在不同场景下提供不同业务类型的无线定位服务。

（2）参数估计

待定位的目标物体与位置需求终端之间的距离信息主要是通过估算两者的无线信道链路参数来获得，该参数包括接收信号强度（Received Signal Strength，RSS）、到达时间（Time Of Arrival，TOA）、到达时间差（Time Difference Of Arrival，TDOA）、到达角（Angle Of Arrival，AOA）等，上述参数是进行下一步位置估计的前提。无线信号受到非视距传输、多径效应、阴影效应等环境因素的影响，导致定位在有精确参数条件辅佐下也不一定能够实现精确位置发现。

（3）位置计算

定位算法是整个定位系统性能的关键性影响因素之一，一方面要求定位算法有较好的精准度，另一方面又要求定位系统有较低的复杂度和时延。精准度与复杂度之间的平衡是定位系统开发过程中需要考虑的重要因素。常见的优化算法包括 Chan 算法、多路径部分传播算法（Multipath Partial Dissemination Algorithm，MPDA）、交互式多模型算法（Interacting Multiple Model，IMM）、几何法及指纹法等。

（4）位置显示与应用

定位技术的实现可以在终端界面以直观地图信息的形式显示定位大致结果。在定位过程中，定位技术还需要与其他应用相结合，在终端软硬件的支持下完成数据处理，为用户提供优质的 LBS 服务，为人们的生产、生活等带来更多的便利。

1.4　无线定位系统性能比较

人们在生活中离不开智能终端，这些设备很多是可以实现导航和定位功能的，比如智能机器人、智能手机、电话手表、电子手环、装备有导航系统的汽车等，这些基于位置的服务主要是通过卫星通信网、移动通信网及无线局域网（Wireless Local Area Networks，WLAN）等网络获取位置信息并为用户提供基于位置信息的个性化导航及定位服务。

表1-2给出了部分典型的定位技术，对适用场景、定位精度、时延大小、终端要求及典型应用几个方面进行分析比较。

表 1-2　不同定位技术定位分析

定位技术	适用场景	定位精度	时延大小	终端要求	典型应用
GPS	室外	小于 10m	首次冷启动需要 1min 左右	带 GPS 芯片终端	交通运输、海洋渔业、国防安全等领域
基站定位	室内外基站信号覆盖区域	基站覆盖半径相关，数十米到几十公里不等	小于 3s	所有移动通信终端	车辆调度、员工管理等场景
WiFi 定位	WiFi 信号覆盖区域，可用于室外室内场景	小于 10m	小于 2s	具有 WiFi 功能终端	大型展会、商场等对室内定位精度要求较高的场景
IP 定位	适用场景不多，主要作为定位辅助手段	城市范围	小于 2s	有数据业务终端	天气预报等对精度要求不高的场景
RFID、Zig-Bee、蓝牙、UWB 等新兴定位	RFID、Zig-Bee、蓝牙、UWB 等网络覆盖区域	小于 10m	小于 2s	支持 RFID 等特制终端	图书馆、地下车库、矿井、厂房等室内场景
gpsOne 定位	室内外基站信号覆盖区域	室外小于 10m，室外约 300m	小于 20s	带 gpsOne 芯片终端，被定位终端不能处于通话状态	企业外勤、司法管理、儿童监护等应用
移动互联网混合定位	室内外场景	定位方式不同，从几米到几百米	小于 3s	智能终端，其中苹果终端只能使用苹果自主开发的定位能力	适合移动互联网定位场景、如百度地图、大众点评等

LBS市场的拓展与无线定位技术的发展是相互关联、相互促进的，无线定位技术性能的提高有利于LBS服务质量的提高，而LBS市场应用的拓展进一步加大了无线定位技术研究面的广度与研究点的深度。图1-14给出了基于各种无线网络的定位系统的性能对比。

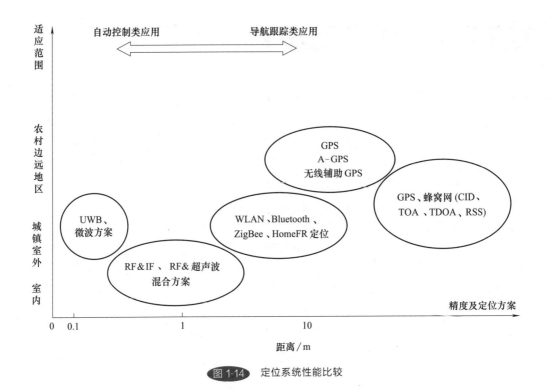

图 1-14 定位系统性能比较

第 **2** 章　定位技术理论基础及误差分析方法

基于位置服务的定位技术有很多类别，但根据定位对象的不同，可以采取不同的定位技术或多种定位技术相融合的方式对目标物体进行定位，结合定位目标活动的环境、定位信号的变化特征，并以相关的理论基础为定位依据，设计相关的算法和模型，对各种定位技术及各种模型存在的优缺点、误差等进行分析。

2.1 电波传输基本理论

无线电波主要传播方式如图 2-1 所示。在 VHF 和 UHF 频段，陆地移动通信通常都利用视距传播，即采用反射区的传播方式，在这种情况下，到达接收天线的信号是直射波和反射波的矢量合成。而表面波（地波）传播、对流层散射传播、电离层反射和散射传播一般并不用于移动通信。

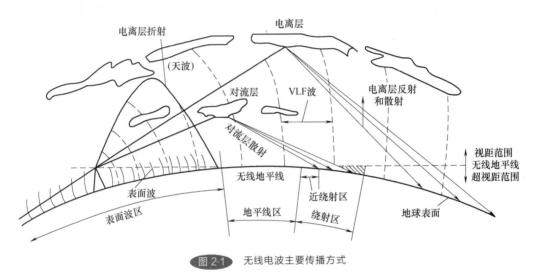

图 2-1　无线电波主要传播方式

无线定位技术主要是利用电磁波传输过程中的一些特性，对目标物体进行定位，电磁波传输过程中会受到各种环境因素的影响，导致定位精度也受到影响，如何提高定位精度，需要对电磁波机理进行分析。

对于长期干扰，其主要干扰传播机理如图 2-2 所示。

① 视距传播：在正常大气条件下存在视距传播，是最直接的干扰传播状态。除短路径外，大气分层引起的多径效应和聚焦效应，通常会使得信号电平在短时间内显著增强；

② 绕射传播：超视距路径，正常条件下以绕射效应为主。绕射预测能很好地适用于光滑地球表面、离散障碍物和不规则（非建造的）地形的情况；

③ 对流层散射传播：这一机理决定于长路径（一般长于 100km）背景干扰电平，在这种情况下，绕射场很弱。

对于异常（短期）干扰，其主要干扰传播机理如图 2-3 所示，主要包括：

① 表面大气波导：在水面或在平坦的沿海陆地区域，这是可能引起短期干扰的最主要传播机理，它可能在很远距离（海面上长于 500km）上产生高信号电平。在某些条件下，此类信号可能超过等效"自由空间"电平；

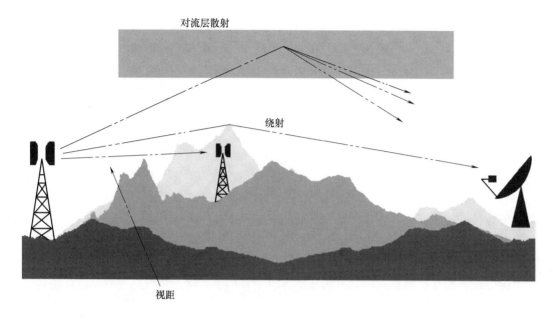

图 2-2　长期干扰传播机理

　　② 高层反射和折射：信号从高度达几百米的大气层反射或折射，这种干扰机理可以使信号有效地克服地形的绕射损耗，而且这种影响在相当长的距离内（达到 $250 \sim 300 \text{km}$）是显著的；

　　③ 水汽凝结物散射：水汽凝结物的散射是地面链路发射机和地球站之间潜在干扰的主要来源，因为该机理具有一定的无方向性，所以存在偏离大圆干扰路径的效果。

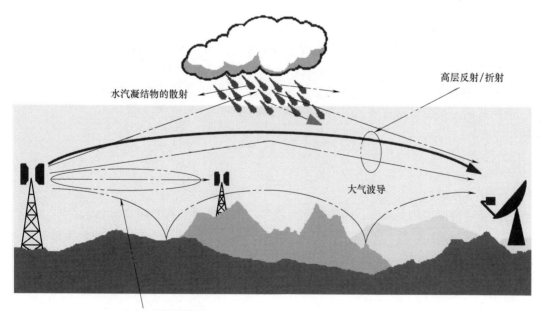

图 2-3　异常（短期）干扰传播机理

2.1.1 传播损耗分析

无线电波传播的实际情况是复杂多变的，实践证明，任何试图使用一个或几个理论公式计算传输损耗的方法，都将引入较大定位误差，甚至与实测结果相差甚远。为此，人们通过大量的实地测量和分析，总结归纳了多种经验模型，在一定情况下，使用这些模型对电波传播损耗特性进行估算，通常都能获得比较准确的预测结果。

本章节对电波传输损耗的计算，是基于基站为电波发射端，500m口径球面射电望远镜（Five-hundred-meter Aperture Spherical radio Telescope，FAST）为接收端（定位目标）进行的，在传播损耗分析时，所采用的模型是ITU-RP.452和ITU RP.2001建议书所规定的，考虑了视距传播、绕射传播、对流层散射传播、大气波导传播、层反射和折射传播、水汽凝结物散射传播等机理，能够实现0%～100%时间百分比下30MHz～50GHz频段范围地面路径无线电波传播损耗预测。

预测过程中根据基站位置、FAST位置、基站发射天线地面高度、FAST接收天线地面高度、接收环境类型、地点概率、时间概率、信号频率等基础路径信息参数，进行路径物理参数综合分析，并确定传播距离、路径中点位置、海上传播长度、路径仰角、折射率及降水率、等效地球半径、有效高度及路径粗糙参数等传播参数。通过近地表传播、大气分层的异常传播、对流层散射传播、电离层散射传播等四类子模型，分别对信号进行传播预测，并采用子模型综合方法，完成基站至FAST间的链路传播损耗预测。

1）近地球表面传播

当天线架高较低且最大辐射方向沿地面时，无线电波主要沿地球表面传播，近地球表面传播考虑的传播模式及效应主要包括自由空间传播模式、绕射传播模式、无大气波导情况下的晴空效应、气态衰减效应。

（1）视距传播

视距传播是指在发射天线和接收天线间能相互"看见"的距离内，电波直接从发射点传到接收点的一种传播方式，是直达波或是直达波与地面反射波干涉传播的形式。视距传播主要受地面和对流层特性的影响，频率越高，受地形地物影响越大，衰落现象就越严重；对于10GHz以上频段的电波，大气吸收及雨衰减严重。视距传播预测考虑效应主要包括多径效应、聚焦效应。视距传播衰减可用式（2-1）计算：

$$L_{bfsD}(D)=92.44+20\lg(f)+20\lg(D) \tag{2-1}$$

式中，f 为频率，GHz；D 为传播距离，km。

（2）绕射传播模式

电波绕过传播道路上障碍物的现象称为绕射。例如突出地形和建筑物之类障碍，电波将以绕射方式越过这类障碍而传播，从而经受障碍绕射衰减。绕射传播考虑的传播模式包括：地球球形表面的绕射损耗、实际传播路径剖面的Bullington绕射损耗、平滑传播路径剖面的Bullington绕射损耗。

（3）无大气波导情况下的晴空效应

无大气波导情况下的晴空效应主要包括折射率变化效应、雨云的反射率效应、大气中的热噪声效应等。晴空效应用式（2-2）计算：

$$A_1 = A_{iter}(q) \text{dB} \tag{2-2}$$

式中，$A_{iter}(q)$ 为与收发终端位置、天线高度相关的迭代函数。

（4）气态衰减效应

近地球表面传播的气态衰减主要包括无雨条件下总气态衰减、无雨和有雨条件下由水蒸气造成的气态衰减，计算如式（2-3）所示：

$$L_{gas} = F_{wvr}(A_{wrsur} - A_{wsur}) + A_{gsur} \tag{2-3}$$

式中，F_{wvr} 为水蒸气衰减产生影响的参数；A_{gsur} 为无雨条件下总气态衰减；A_{wsur} 和 A_{wrsur} 分别为在无雨和有雨条件下由水蒸气造成的气态衰减。

2）大气层异常传播

大气层异常传播主要指大气波导现象，大气波导的基本传输损耗计算如下：

$$L_{ba} = A_{ac} + A_{ad} + A_{at} \tag{2-4}$$

式中，A_{ac} 为大气分层的异常传播耦合损耗总和；A_{ad} 为与角距相关的损耗；A_{at} 为与距离和时间相关的损耗。

3）对流层散射传播

对流层是大气层中的最低层，通常是指从地面到（13 ± 5）km 高空的区域。一般情况下，对流层的温度、压强、水蒸气压强都是随高度的增加而减小，在某些情况下，也可能出现温度随高度增加而增加的现象，形成逆温层。此外，由于上升气流的不均匀性而形成许多涡旋气团，使温度、湿度不断变化，在涡旋气团内部及其周围的介电系数（或折射指数）有随机的小尺度起伏。当超短波、微波投射其上时，就引起散射现象。对流层散射传播预测考虑效应主要包括：①对流层散射基本传输损耗；②雨、雪、降水衰减效应；③大气吸收效应。

（1）对流层散射基本传输损耗

对流层散射基本传输损耗主要包括：①与频率和距离相关的损耗；②天线口径与介质耦合的损耗；③不同气候带下气象和大气损耗。对流层基本传输损耗用式（2-5）计算：

$$L_{bs} = M + L_{freq} + L_{dist} + L_{coup} - Y_p \tag{2-5}$$

式中，L_{freq} 为与频率相关的损耗；L_{dist} 为与距离相关的损耗；L_{coup} 为与天线口径与介质耦合的损耗；M 为气象结构参数；Y_p 为大气结构参数。

（2）雨、雪、降水衰减效应

雨、雪、降水衰减用下式计算：

$$A_2 = \frac{A_{2t}(1 + 0.018d_{tcv}) + A_{2r}(1 + 0.018d_{rcv})}{1 + 0.018d} \tag{2-6}$$

式中，d_{tcv} 和 d_{rcv} 分别为发射机和接收机到对流层传播的路径长度；A_{2t}、A_{2r} 分别为发射机、接收机到对流层传播路径段的降水衰减，用式（2-7）计算：

$$A_{2t,2r} = A_{iter}(q) \tag{2-7}$$

式中，$A_{iter}(q)$ 为与收发终端位置、天线高度相关的迭代函数。

（3）大气吸收效应

对流层散射的气态衰减主要包括无雨条件下总气态衰减、无雨和有雨条件下由水蒸气造成的气态衰减，计算如下：

$$L_{\text{tropgas}} = 0.5(F_{\text{wvrtx}} + F_{\text{wvrx}})(A_{\text{wrs}} - A_{\text{ws}}) + A_{\text{gs}} \tag{2-8}$$

式中，F_{wvrtx}、F_{wvrx} 分别是发射机、接收机路径段对水蒸气衰减产生影响的参数；A_{gs}、A_{ws} 和 A_{wrs} 分别为氧气、下雨和无雨条件下的水蒸气造成的气态衰减。

4）电离层散射传播

电离层散射传播主要考虑经 E 层散射传播引起的衰落，对长路径和低频率有重要意义，电离层散射传播考虑的传播模式主要包括一跳传播模式和两跳传播模式。

电离层散射传播的基本传播损耗 L_{be} 如式（2-9）所示：

$$L_{\text{be}} = \begin{cases} L_{\text{bEs1}} & L_{\text{bEs1}} < L_{\text{bEs2}} - 20 \\ L_{\text{bEs2}} & L_{\text{bEs2}} < L_{\text{bEs1}} - 20 \\ -10\lg(10^{-0.1L\text{bEs1}} + 10^{-0.1L\text{bEs2}}) & \text{其他情况} \end{cases} \tag{2-9}$$

式中，L_{bEs1} 为一跳传输损耗；L_{bEs2} 为两跳传输损耗。

2.1.2　接收功率分析

根据基站参数、FAST 参数以及利用传播损耗预测方法计算所得的基站至 FAST 间的链路传输损耗，可以计算 FAST 处接收功率，根据接收功率情况，可以对定位目标物体进行位置估算，达到定位的目的。计算方法如式（2-10）所示：

$$P_r = P_t + G_t - L + G_r \tag{2-10}$$

式中，P_t 为基站发射功率；G_t 为基站天线增益；L 为基站至 FAST 间的链路传输损耗；G_r 为 FAST 天线增益。

2.1.3　无线传播模型

无线电波传输模型是任何无线系统规划的参考基础，也是无线定位算法设计的关键要素。比如在采用信号接收强度（Received Signal Strength，RSS）做三角定位时，需要借助于无线电信道衰落模型进行支撑，故传输模型选用直接关系到定位的效果及性能。

无线传播模型需要根据不同的地形地貌特征，如平原、丘陵、山谷等，或者是各种人为环境，如开阔地、郊区、市区等，做出适当的调整。这些环境因素涉及传播模型中的很多变量，它们都对定位精度有一定的影响。选择一个良好的无线传播模型在无线定位研究中是很有必要的。

传播环境对无线传播模型的建立起关键作用，某一特定地区的传播环境主要有以下影响因素：

① 自然地形（高地、丘陵、平原和水域等）；

② 人工建筑的数量、高度、分布和材料特性；

③ 该地区的植被特征；

④ 天气状况；

⑤ 自然和人为的电磁噪声状况。

另外，无线传播模型还受到系统工作频率和移动台运动状况的影响。在相同地区，工作频率不同，接收信号衰落状况也有差异。静止的移动台与高速运动的移动台，其传播环境也大不相同。

常用的模型有以下几种。

（1）Okumura 模型

目前应用较为广泛的 Okumura 模型，简称 OM 模型，是由奥村等人在日本东京通过使用不同的频率、不同的天线高度、不同的距离进行一系列测试，最后绘成经验曲线而构成的模型。

这一模型将城市视为中等起伏地形，给出城市场强中值。对于郊区，给出开阔区的场强中值，以城市场强中值为基础进行修正。对于不规划地形也给出了相应的修正因子。由于这种模型给出的修正因子较多，可以在掌握详细地形、地物的情况下，得到更加准确的预测结果。

OM 模型适用的频率范围为 150～1920MHz，可扩展到 3000MHz，基站天线高度为 20～1000m，移动台天线高度为 1～10m，传播距离为 1～100km。

（2）Okumura-Hata 模型

Okumura-Hata 模型是对 Okumura 模型和 Hata 模型进行融合优化，并以在日本测得的平均测量数据为基础构建，其适用频段范围为 150～1920MHz，市区路径损耗中值的近似解如式（2-11）所示：

$$L_p = 69.55 + 26.16 \lg f - 13.82 \lg h_b + (44.9 - 65.5 \lg h_b) \lg d - A_{h_m} \tag{2-11}$$

式中，L_p 表示从基站到移动台的路径损耗，dB；f 表示载波频率，MHz；h_b 表示基站天线高度，m；h_m 表示移动台天线高度，m；d 表示基站到移动台之间的距离，km；A_{h_m} 表示移动台天线高度因子。

A_{h_m} 的取值与所在区域环境因素有关。对于大城市，其取值如式（2-12）所示：

$$A_{h_m} = \begin{cases} 8.29[\lg(1.54 h_m)]^2 - 1.1, & f \leq 200\text{MHz} \\ 3.2[\lg(11.75 h_m)]^2 - 4.97, & 400\text{MHz} \leq f \leq 1500\text{MHz} \end{cases} \tag{2-12}$$

对于中小城市，取值如式（2-13）所示：

$$A_{h_m} = (1.1 \lg f - 0.7) h_m - (1.56 \lg f - 0.8) \tag{2-13}$$

对于郊区，传播模型可以修正，如式（2-14）所示：

$$L_{ps} = L_p - 2 \lg^2 (f/28) - 5.4 \tag{2-14}$$

在开阔地，传播模型可以修正，如式（2-15）所示：

$$L_{po} = L_p - 4.78 \lg^2 f + 18.33 \lg f - 40.94 \tag{2-15}$$

（3）COST 231-Hata 模型

欧洲研究委员会陆地移动无线电发展 COST231 传播模型小组根据 Okumura-Hata 模型的基础，增加了一些修正项，使它的频率覆盖范围从 1500MHz 扩展到 2000MHz，该修正后的模型称为 COST 231-Hata 模型，见表 2-1。COST 231-Hata 模型与 Okumura-Hata 模型基本一样，它是以 Okumura 等的测试结果作为依据，通过对较高频段的 Okumura 传播曲线进行分析，得到的适用于 1500～2000MHz 的传播模型。

表 2-1　COST 231-Hata 模型

参　数	数　值
适合频段 f	1500～2000MHz
基站天线高度 h_b	30～200m
移动台天线高度 h_m	1～10m
覆盖距离 d	1～20km

针对不同的地形区域，COST 231-Hata 模型分别给出链路预算式。

对于大城市区域，有

$$L_u = 46.3 + 33.9 \lg f - 13.82 \lg H_b - a(H_m) + (44.9 - 6.55 \lg H_b \lg d + C_m) \qquad (2\text{-}16)$$

式中，$C_m = 3\text{dB}$；$a(H_m) = (1.1 \lg f - 0.7) h_m - (1.56 \lg f - 0.8)$。

对于中等城市和郊区中心，$C_m = 0\text{dB}$。

在农村准开阔地，传播模型修正式如下：

$$L_{rqo} = L_u - 4.78 \lg^2 f + 18.33 \lg f - 35.94 \qquad (2\text{-}17)$$

在农村开阔地，传播模型修正式如下：

$$L_{ro} = L_u - 4.78 \lg^2 f + 18.33 \lg f - 40.94 \qquad (2\text{-}18)$$

（4）COST 231 Walfish Ikegami 模型

COST 231 Walfish Ikegami 模型（见表 2-2）和 Okumura-Hata 模型一样，也是由在日本测得的平均数据构成的，Okumura-Hata 模型适用于宏小区的预测，COST 231 Walfish Ikegami 模型适用于 900MHz、1800MHz 等频段工作的蜂窝网微小区预测。

表 2-2　COST 231 Walfish Ikegami 模型

参　数	数　值
适合频段 f	800～2000MHz
基站天线高度 h_b	4～50m
移动台天线高度 h_m	1～3m
覆盖距离 d	0.02～5km

移动台和基站之间不存在视距时的传播路径损耗如下：

$$L_b = L_o + L_{rts} + L_{msd} \qquad (2\text{-}19)$$

当 $L_{rts} + L_{msd} = 0$ 时，$L_b = L_o$，其中，L_o 是自由空间传输路径损耗，如式（2-20）所示：

$$L_o = 32.4 + 20\lg d + 20\lg f \tag{2-20}$$

L_{rts} 是从屋顶到街道的绕射和散射损耗，如式（2-21）所示：

$$L_{rts} = -16.9 - 10\lg w + 10\lg f + 10\lg(H_b - H_m) + L_{cri} \tag{2-21}$$

式中

$$L_{cri} = \begin{cases} -10 + 0.35\varphi, & 0° \leqslant \varphi \leqslant 35° \\ 2.25 + 0.075(\varphi - 35°), & 35° \leqslant \varphi \leqslant 55° \\ 4 + 0.114(\varphi - 55°), & 55° \leqslant \varphi \leqslant 90° \end{cases}$$

式中，φ 表示信号相对街道的入射角。

L_{msd} 是多屏绕射损耗，如式（2-22）所示：

$$L_{msd} = L'_{bsh} + K_a + K_d\lg d + K_f\lg f - 9\lg d \tag{2-22}$$

式中，K_a 表示当基站高度小于建筑物高度时路径损耗的增量，K_d 和 K_f 分别表示多屏绕射损耗与距离及频率相关的因子。

$$L_{bsh} = \begin{cases} -18\lg(1 + H_b - H_{roof}), & h_b = h_{roof} \\ 0, & h_b = h_{roof} \end{cases}$$

$$K_a = \begin{cases} 54, & h_b > h_{roof} \\ 54 - 0.8(h_b - h_{roof}), & d = 0.5, \text{且} h_b = h_{roof} \\ 4 - 0.8(h_b - h_{roof})(d/0.5), & d < 0.5, \text{且} h_b = h_{roof} \end{cases}$$

$$K_d = \begin{cases} 18, & h_b = h_{roof} \\ 18 - 15(h_b - h_{roof})/h_{roof}, & h_b > h_{roof} \end{cases}$$

对于中等规模城市和植被覆盖密度适中的郊区中心，有

$$K_f = -4 + 0.7(f/925 - 1)$$

对于大城市的中心，有

$$K_f = -4 + 1.5(f/925 - 1)$$

移动台和基站之间存在视距时的传输路径损耗如式（2-23）所示：

$$L_b = 42.6 + 26\lg d + 20\lg f, \quad d > 0.02\text{km} \tag{2-23}$$

（5）ITU 室内传播模型

室内无线电系统的传播预测与室外微蜂窝、宏蜂窝系统有所差异。在室内情况下，建筑物的形状和所用材料影响了无线电的传播，同时建筑物的各个边界对于无线电传播的反射和散射等都有影响。对于多层建筑物，除了在同一层频率复用外，层与层之间也有频率复用，这样就使频率的干扰更加复杂。除了蜂窝网络，室内还有毫米波使用的场合，电磁环境因此变得更加复杂，可能会对传播特性产生较大的影响。

室内无线信道引起传播损耗的主要因素包括：

① 来自房间内的物体（墙、地板等）；

② 穿过墙、地板及其他障碍物的传输损耗；

③ 高频情况下能量的通道效应，特别是走廊中这个效应尤为明显；

④ 房间中的人和运动物体等。

下面介绍 ITU 给出的室内环境无线传输损耗的通用模型，此模型不需要有关路径或位置的信息，考虑了穿过多层楼板的损耗，以便支持楼层之间频率重复使用等场景。其基本模型计算如式（2-24）所示：

$$L_{total} = 20 \lg f + N \lg d + Lf(n) - 28 \tag{2-24}$$

式中，N 为距离功率损耗系数；f 为频率，MHz；d 为基站和便携终端之间的距离，$d > 1m$；$Lf(n)$ 为楼层穿透损耗因子，dB；n 为基站和终端之间的楼层数，$n \geq 1$。

ITU 建议书同时给出了室内信号传输关于 $900 \sim 2000MHz$ 频段的一般性结论。

① 具有视距分量的路径是以自由空间损耗为主，而且距离功率损耗系数约为 20。

② 大型开放式房间的距离功率损耗系数约为 20，这与房间的大部分区域内存在较强的视距传输分量基本一致。该场景包含了大型零售商场、运动场等。

③ 走廊的路径损耗比自由空间损耗小，典型的距离功率系数约为 18。具有长的直线形过道的杂货铺的路径损耗也呈现出走廊路径损耗特征。

④ 穿过障碍物和穿过墙的传播将会产生相当大的损耗，在典型的环境下，可能会使功率距离系数增加到 40 左右。该场景包含封闭式办公楼的各个房间之间的传输路径等。

⑤ 对于长的无阻挡路径，可能出现第一菲涅耳区的转折点。在这转折点的距离上，距离功率损耗系数可能会从 20 左右变化到 40 左右。

⑥ 办公室环境中，路径损耗系数随频率增加而降低并不总能观察到，或并不容易解释清楚。一方面，随着频率的增加，通过障碍物的损耗会增加，但绕射信号对接收功率的影响比较小；另一方面，在更高的频率处，第一菲涅耳区阻挡得比较少，因而损耗也比较低。

实际的路径损耗是上述多种因素造成的综合影响结果，在定位过程中需要根据不同场景而定，选择适合的损耗模型是很有必要的，对定位的精度和性能尤为重要。

2.2 定位技术的理论基础

定位技术是对目标物体的位置进行确定，通过各种技术手段对目标物体的运动轨迹进行跟踪、发现，最终确定其位置所在，即定位。

定位技术分类有多种分类方式，有室外定位和室内定位，参数化定位和非参数化定位等。前面一章中已经对室内外定位进行了介绍，这里主要对参数化定位和非参数化定位进行解析。

2.2.1 参数化室内定位方法

在室内定位技术的理论剖析中，通过对 GPS、蜂窝移动通信中的基站定位、雷达系统定位等定位系统认知，不难发现他们主要是利用电磁波传输信号与目标位置的关系来确定目标物体所在，即通过测量到达时间（TOA）、到达时间差（TDOA）、往返到达时间

（RTTOA）、到达角（AOA）、接收信号强度（RSS）等，并对采集到的数据进行预处理，之后根据处理解决结果和目标物体的运动情况获取最终的定位结果。其定位效果容易受到前期参数测量精度影响，即测量中可能会受到气候条件、电磁环境、参数测量设备精度及人为误差等因素影响，这将导致参数化测量的误差大大增加，势必会降低定位精度。

（1）到达时间（TOA）

TOA 估计法是在电磁波从发射设备到接收设备之间传播时，根据电磁波传输耗时来测定两者之间的距离。由于电磁波传播路由的复杂性，会受到非视距传输及多径传输等不利因素影响，导致信号到达的时间测量有一定的误差，降低了定位的精度。

本章节以 WiFi 覆盖下的室内定位为例，采用本团队开发的具备一定教育功能的智能机器人，基于电磁波信号传输时间的测量来计算发射设备与接收设备之间的距离。由于电磁波信号在自然空间中传输的速率基本上与光传播速率相等，这样就可以利用光速 c 来代替电磁波的传播速度，根据测量时间 t 就可以算出发射设备与接收设备的距离。若设定发射时刻为 T_0，接收时刻为 T_i。从发射设备（AP_i）到接收设备（Erob）的信号传播距离可以沿着无线信号传输路径 P 进行积分，则距离 d_i 如式（2-25）所示：

$$d_i = \int_P ds = \int_{T_0}^{T_i} c\, dt = c_{av}(T_i - T_0) = c(T_i - T_0) \tag{2-25}$$

若等效平均速度 c_{av} 在传播路径上与光速 c 相等，则有 $c = c_{av}$。

设定有三个 AP 布局在室内环境中，作为无线信号发射设备，有一台智能机器人作为待测目标，如图 2-4 所示。信号传输中若采用视距传播方式，信号传播距离 d_i 就决定了从无线路由器（AP_i）到智能机器人的距离。在二维场景下，当两个圆相交，可能会产生两个交点，但是不能确定目标物体是在哪一个交点上，若利用 3 个无线路由器进行距离测定，则会

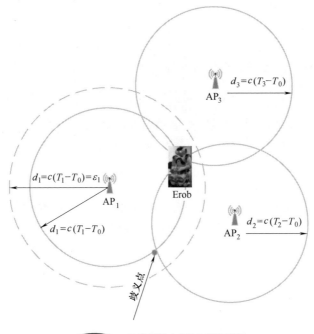

图 2-4　二维情况中 TOA 定位原理

解决位置歧义解的问题，也就是三点交汇处就是智能机器人所在的位置。

若在三维情况下，需要进行多个无线路由器到智能机器人的距离测量，就需要建立 N 个非线性方程，设定智能机器人所在的位置坐标为 (x, y, z)，则有式（2-26）：

$$\begin{cases} \sqrt{(x-x_1)^2+(y-y_1)^2+(z-z_1)^2}=c(T_1-T_0)=d_1 \\ \sqrt{(x-x_2)^2+(y-y_2)^2+(z-z_2)^2}=c(T_2-T_0)=d_2 \\ \quad\quad\quad\quad\vdots \\ \sqrt{(x-x_N)^2+(y-y_N)^2+(z-z_N)^2}=c(T_N-T_0)=d_N \end{cases} \quad (2\text{-}26)$$

式中，(x_i, y_i, z_i) 表示无线路由器 AP_i 所在位置，T_i-T_0 表示对应传播距离 d_i 所耗的时延。由于信号在传递过程中会有一定的测量误差或者人为因素等造成的误差，会发生目标位置无法求解的情况，这需要引入一个误差值 ε_i，新的方程如式（2-27）所示：

$$\sqrt{(x-x_i)^2+(y-y_i)^2+(z-z_i)^2}-c(T_i-T_0)=\varepsilon_i \quad (2\text{-}27)$$

则在每一个方程中都需要引入误差值 ε_i，则移动终端（Erob）的位置估计如式（2-28）所示：

$$(\hat{x}, \hat{y}, \hat{z})=\arg\min_{(x,y,z)}\sum_{i=1}^{N}\varepsilon_i^2 \quad (2\text{-}28)$$

由于信号发射端和接收端是通过信号传播时间（T_i-T_0）与电波传输速率 c 得到两者之间的距离 d_i，这就要求所有发射端设备和接收端设备具备统一的时基，这对于定位的精度影响是最大的，也是误差产生的原因之一。另外电磁波传输中会受到外界的反射、折射及衍射等因素影响，必然会导致电磁波的非视距（NLOS）传播，导致信号实际传输的时延与测量得到的时延有差别。

反射是时延误差来源的最大因素。在没有反射器存在的情况下，系统将会采取视距（LOS）传输方式。信号传播时延与信号系统传播距离关系如式（2-29）所示：

$$d_1'=d_{11}+d_{22}=c(T_1-T_0)\geqslant d_1 \quad (2\text{-}29)$$

若事先知道反射器存在位置，则可考虑利用发射器（AP）到反射器的距离 d_{11} 进行计算，并从信号总传输的距离中减去，可以得到反射器所在的圆半径 $d_{12}=c(T_1-T_0)-d_{11}$，即实现了无偏差估计，如图 2-5 所示。

（2）到达时间差（TDOA）

到达时间差法同样是基于信号传播时延的一种方法，其主要是对信号传播的时延差进行测量。若在给定时间点 T_0 时刻有两个无线信号分别从两个 AP（AP_i，AP_j）发出，在接收端（Erob），来自 AP_i 的传播时间为 T_i，来自 AP_j 的传播时间为 T_j，对应的传播距离差如式（2-30）所示：

$$\Delta d_{i,j}=d_i-d_j=c(T_i-T_0)-c(T_j-T_0)=c(T_i-T_j)=c\Delta T_{i,j} \quad (2\text{-}30)$$

TDOA 方法也称为双曲线定位方法，其定位方式通过下面 3 个步骤进行：

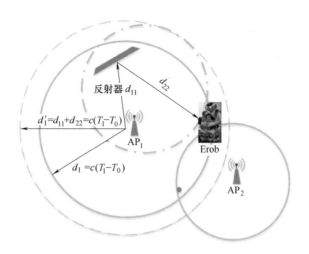

图 2-5 由反射引起的无偏误差

第一步：测定 2 个信号到达目标物体的时间；

第二步：将时间与信号传输速率建立起距离关系，并带入双曲线方程，建立双曲线方程组；

第三步：根据合理算法求解方程组，完成定位。

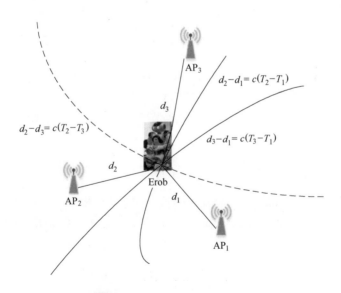

图 2-6 二维情景中的 TDOA 原理图

在图 2-6 中，两个双曲线的交点（实线）提供了终端设备（Erob）的唯一位置，另外一个双曲线（虚线）由 $d_2 - d_1 = (d_2 - d_1) - (d_3 - d_1) = c\Delta T_{2,1} - c\Delta T_{3,1}$ 进行定义，于是有式（2-31）：

$$
\begin{cases}
\sqrt{(x-x_2)^2+(y-y_2)^2+(z-z_2)^2} - \sqrt{(x-x_1)^2+(y-y_1)^2+(z-z_1)^2} = d_2 - d_1 = c\Delta T_{2,1} \\
\sqrt{(x-x_3)^2+(y-y_3)^2+(z-z_3)^2} - \sqrt{(x-x_1)^2+(y-y_1)^2+(z-z_1)^2} = d_3 - d_1 = c\Delta T_{3,1} \\
\sqrt{(x-x_N)^2+(y-y_N)^2+(z-z_N)^2} - \sqrt{(x-x_1)^2+(y-y_1)^2+(z-z_1)^2} = d_N - d_1 = c\Delta T_{N,1}
\end{cases}
$$

$$(2\text{-}31)$$

将 Erob 和 AP 的位置分别表示为 (x, y, z) 和 (x_i, y_i, z_i)，在二维空间中，式（2-31）中可以省略掉 $(z-z_i)$，若该系统中存在 N 个 AP，则可以得到 $N-1$ 个独立方程组。

TDOA 方法和 TOA 方法都需要对时间进行测量，对信号传播速度和传播条件要求也基本一致，并假设信号是非视距传输。若真实环境中出现非视距传输情况，则需要知道导致发生折射、衍射或者反射的障碍物所在的位置。

（3）往返到达时间（RTTOA）

往返到达时间（Round-Trip Time of Arrival，RTTOA）法是一种圆形定位方法，它对接收设备和信号发射设备两者之间的往返时延进行测量，因而需要设备具备双向通信能力。图 2-7 对 RTTOA 的信号流进行了展示。

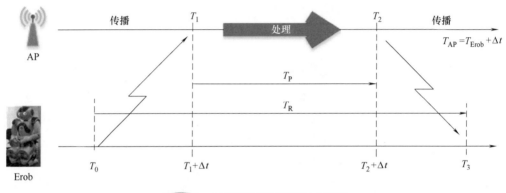

图 2-7   二维情况下的 RTTOA 原理图

由图 2-7 知道，RTTOA 测量是由 Erob 在时间 T_0 启动，并根据 Erob 的时间尺度 T_{Erob} 进行测量；在 T_1 时刻，电磁波信号被 AP 所接收。设定 Erob 时间尺度 T_{Erob} 与 AP 的时间尺度 T_{AP} 不同，并具有恒定差值 Δt，即 $T_{AP} - T_{Erob} = \Delta t$，则 Erob 与 AP 间信号传播距离如式（2-32）所示：

$$d_{1,2} = c\left[(T_1 + \Delta t) - T_0\right] \tag{2-32}$$

$T_1 + \Delta t$ 表示相对于 $Erob_1$ 时间尺度的时间为 T_1，在相对于 AP 时间尺度的时间索引 T_2 处，另一个信号从 AP 发送回 $Erob_1$；在时间点 T_3 上，信号被 Erob 所接收。则传播距离如式（2-33）所示：

$$d_{2,1} = c\left[T_3 - (T_2 + \Delta t)\right] \tag{2-33}$$

若两次电磁波信号传输的几何形状不变，且信道具有互易性，则有 $d_{2,1} = d_{1,2}$，可得

$$d = d_{2,1} = d_{1,2} = \frac{d_{1,2} + d_{2,1}}{2} = \frac{1}{2}c(T_R - T_P) \tag{2-34}$$

由（2-34）式可以看出，两者距离取决于两个时间差。往返时间 $T_R = (T_3 - T_0)$ 可以在 Erob 处计算得到，$T_P = (T_2 - T_1)$ 为 AP 处信号处理的时间。两个时间差都可以根据各自的时基来决定，与 Δt 无关。

当然，与前面两种与时间相关的技术 TOA、TDOA 一样，其也有时间漂移，在时钟同步和时基不同的情况下，如何消除这些影响定位精度的因素是一个值得研究的课题。

（4）到达角（AOA）

信号到达角，主要是指无线信号从发送设备发射到接收设备过程中，信号与地平面之间存在一定的角度关系。信号链路包括上行链路（AP→Erob）和下行链路（Erob→AP），下行链路 AOA 情况与我们研究的需求接近。图 2-8 为二维空间情况下的下行链路 AOA 的定位原理图。

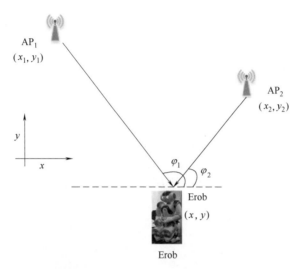

图 2-8　二维空间下行链路 AOA 定位原理图

若采用视距传输，接收信号方向 φ_i 与 AP_i 位置 (x_i, y_i) 沿一条线，并可以确定终端（Erob）所在的位置，通过极坐标方式表示为式（2-35）所示：

$$\begin{pmatrix} x - x_i \\ y - y_i \end{pmatrix} = r_i \begin{pmatrix} \cos\varphi_i \\ \sin\varphi_i \end{pmatrix} \tag{2-35}$$

通过对式（2-35）进行变换，可表示为 $y - y_i = (x - x_i)\tan\varphi_i$，成功消除了变量 r_i，根据图 2-8，可以得到 Erob 的位置 (x, y)，如式（2-36）所示：

$$\begin{cases} y - y_1 = (x - x_1)\tan\varphi_1 \\ y - y_2 = (x - x_2)\tan\varphi_2 \end{cases} \tag{2-36}$$

图 2-9 描述了未知 Erob 方向性问题，AOA 角度差 $\Delta\varphi = \varphi_1 - \varphi_2$ 与未知 Erob 方向角 φ 无关，依据圆周角定理（圆周角的度数等于它所对应的圆心角度数的一半），角度 $\Delta\varphi$ 和两个 AP 位置决定了圆的优弧。对于未知方向角 φ 来说，Erob 的位置可能会在优弧上的某个位置，到另外一个 AP 的 AOA 测量值就解决了位置歧义的问题。由式（2-35）和式（2-36）可以得到未知方向角 φ 的方程组 $y - y_i = \tan(\varphi_i - \varphi)(x - x_i)$，$i = 1, 2, \cdots, N$。对于未知方向角 φ，这个方程组是一个非线性方程组。

（5）信号接收强度（RSS）

信号接收强度（Received Signal Strength，RSS）法是利用发射设备向接收设备发送电磁信号，接收设备根据接收到的信号强度衰减情况，利用合理的算法模型得到距离与信号衰减的关系，确定接收设备的目标位置。该方法在实际应用中会受到环境等多种因素的影响，

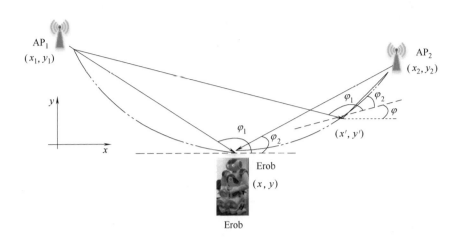

图 2-9 Erob 方位角 φ 的影响：方位角 φ 值不一样，得到的位置解也不同

同时还需要考虑信号传输中的反射、散射、衍射、多径传输和天线增益等多种因素带来的影响。

目前 RSS 法大多采用"距离-损耗"进行位置估计，常用的信道模型基于路径损耗，接收功率的损耗模型如式（2-37）所示：

$$P_r(d) = \frac{P_t G_t G_r \lambda^2}{(4\pi d)^2} \tag{2-37}$$

式中，P_t 为发射设备发射的功率；P_r 为接收设备接收的功率；G_t 是发射设备的天线增益；G_r 是接收设备的天线增益；λ 是发射设备的电磁波波长；d 为发射设备与接收设备间的距离。

在不考虑多径传播和信道损耗等外界影响因素情况下，可以通过 RSS 的功率变化情况很容易建立起功率损耗与距离的关系，并可通过三边测距等手段实现目标物体的位置确定。

若考虑外界因素，包括被遮蔽、电磁环境发生变化等因素，则可以考虑另外的损耗模型，如对数路径损耗模型，如式（2-38）所示：

$$P_L(d) = P_L(d_0) + 10n\lg\left(\frac{d}{d_0}\right) + X_\sigma \tag{2-38}$$

式中，$P_L(d)$ 是电磁波传播距离为 d 时的损耗功率；$P_L(d_0)$ 是电磁波传播距离为 d_0 时的损耗功率；d_0 为不确定值，根据实验环境需要设定，一般设定为 1m 左右；n 为电磁波传播路径损耗指数，与信号传播环境有关，通常情况下，可以在实验场景中进行多次测量，并利用线性回归等数学工具进行处理得到；X_σ 的均值设定为零，又被称为阴影衰落。

RSS 传输模型示意图如图 2-10 所示。

电磁波"距离-损耗"模型根据定位需要关切的信息可以有多种表达方式，并有多种模型修正方案，具体根据应用场景需要进行处理，推导出实现定位目标的最理想模型。

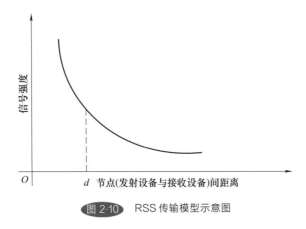

图 2-10 RSS 传输模型示意图

2.2.2 非参数化室内定位方法

由于无线信号在传播过程中会受到多径传播、吸收、反射等因素影响，导致定位信号不能进行视距传输，基于 TOA、TDOA、RTTOA、AOA、RSS 等定位方法不能够实现预期的定位效果，利用非参数化的方法可以有效缓解复杂环境下的多径效应和散射等影响，很大程度上能够提高室内定位的效果。目前非参数化室内定位方法包括信号强度指纹定位技术、空间频谱指纹定位技术、机器学习型自适应定位技术、图像指纹定位技术、基于数据内插的定位技术、RFID 标签定位技术等。

（1）信号强度指纹定位技术

通过在实验环境中对信号进行多次测量，获取传输距离和路径损耗的关系，并建立起合理的"距离-损耗"模型，如式（2-39）所示：

$$P = P_{r0} + 10n\lg\left(\frac{d}{d_0}\right) + \zeta \tag{2-39}$$

式中，P 为接收信号强度；P_{r0} 为距发射设备为 d_0 时接收设备采集到的信号强度；d_0 为参考距离；一般设定为 1m；n 为路径损耗系数；ζ 为遮蔽因子。

若在无线网络（WiFi）中，需要定位的接收设备位于某个位置 (x_i, y_i)（$i=1,2,\cdots,N$），共有 N 个参考接入点（AP），移动节点（Erob）的坐标为 (x_0, y_0)，参考节点（AP）与移动节点（Erob）之间的距离为 d_i，可表示为 $d_i = \sqrt{(x_i - x_0)^2 + (y_i - y_0)^2}$，则式（2-39）还可以表示为：

$$P_{r0} - P_{ri} = 10n\lg\left(\frac{d_i}{d_0}\right) + \zeta_i, i = 1, 2, \cdots, N \tag{2-40}$$

若 $d_0 = 1$，式（2-40）还可以表示为：

$$\begin{bmatrix} P_{r1} \\ P_{r2} \\ \vdots \\ P_{rN} \end{bmatrix} = \begin{bmatrix} 1 & -10\lg d_1 \\ 1 & -10\lg d_2 \\ \vdots & \vdots \\ 1 & -10\lg d_N \end{bmatrix} \begin{bmatrix} P_{r0} \\ n \end{bmatrix} + \begin{bmatrix} \zeta_1 \\ \zeta_2 \\ \vdots \\ \zeta_N \end{bmatrix} \tag{2-41}$$

上述位置估计可以通过最小均方差（MMSE）估计得到。

（2）空间频谱指纹定位技术

尽管基于信号强度匹配的室内定位技术可以对复杂室内环境的定位精度有一定的提高，但还是有许多不足。

① 由于只采用信号强度指纹信息作为定位的参数，信息流不足，为了能够有更好的定位效果，需要合理选择信道传输模型和参数，降低定位误差。

② 影响基于信号强度匹配的定位精度的因素很多，其中影响比较大的是参考节点的数量。理论上是参考节点越多，定位精度越高，但是参考节点多到一定程度的时候，成本也提高了，节点之间的干扰也会增强，定位精度也会下降，导致定位精度没有达到预期效果，同时还需要较多的算法来调度节点和定位精度之间的关系。

与信号强度匹配定位技术相比，利用接收信号的空间频谱信息建立指纹库具有一定的优势，比如可以利用的信息量多，不受限于节点的数量，可以利用单参考节点就能实现高精度的定位，是一种具有广阔前景的定位方式，也是复杂室内环境下一种很好的定位方案，空间谱指纹室内定位流程如图 2-11 所示。

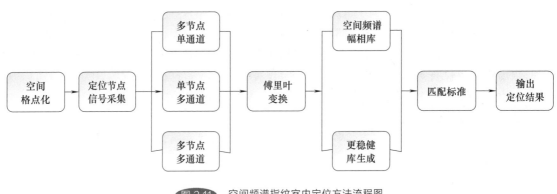

图 2-11   空间频谱指纹室内定位方法流程图

空间频谱指纹定位方法优点如下：

① 无需在定位区域布局大量的节点，单节点也可以实现定位功能；

② 可以根据定位精度需要进行信道的划分并采集空间频谱，信道增多，空间频谱数据库中可用的信息就会增加，可以提高定位精度；

③ 空间频谱指纹包含了电波幅度和相位等多种信息，可以根据定位需要和设备情况选择合适的定位样本库；

④ 空间频谱不需要室内空间传播信道模型的先验知识，无需对模型参数进行误差评估，不需考虑电波传输的视距性造成的影响；

⑤ 可以根据匹配定位需要选择参考点数目与信道数目的组合，为后续研究工作提供更多的参考；

⑥ 可以根据不同空间频谱数据库，采用主成分分析法来提升稳健的空间频谱指纹信息，可以有效控制人的走动和环境变化带来的信道非平稳性影响，以实现稳健的室内定位算法。

（3）机器学习型自适应定位技术

在无线网络环境中，可以利用 WiFi、ZigBee，Bluetooth 等无线信号对室内目标物体进行定位，但是需要面对室内环境的多径效应。人为活动和环境的变化易造成定位精度不理想，可利用指纹技术提高定位效果，但需要采集和更新数据库，从而增加一定的工作量；若采用机器学习型自适应定位技术，可以带来一定的效果，比如可以克服由于时基和设备差异带来的误差，在粗指纹状况下，通过自适应定位，可以进行误差校准，提高定位精度，不过该方法还有很多值得研讨的地方，需要更多研究者进行改进。

（4）图像指纹定位技术

图像指纹定位技术是一种非参数化的定位方法，可以实现对目标位置的确定并能追踪目标移动方向，在移动机器人定位中有很好的应用。该方法比基于参数化模型的复杂环境中的定位技术有一定的优势，降低了室内环境变化、人员位移、气候条件变化、时间校准等外界因素带来的影响，但需要对图像指纹进行周期性校准，实用性有待提高。

图像指纹定位技术基本指导思想是：

① 事先利用装配有摄像传感器的智能设备在活动场景中捕获环境的图像，建立图像指纹数据库；

② 利用智能设备在实际环境中实时采集图像，并实时传递到中心服务器；

③ 中心服务器利用相关的图像匹配算法，把数据库中存储的图像与实时图像进行匹配；

④ 利用图像匹配的结果，反馈定位结果给用户。

其实图像指纹定位技术和其他指纹定位技术都需要经历如下两个阶段：

① 离线阶段（训练阶段），即特征提取阶段，把能够用于定位的特征（指纹信息）提取出来，建立样本库；

② 在线阶段（测试阶段），即实时定位阶段，根据目标物体与特征库中参照物的距离相关性，就基本可以确定目标物体的位置。

（5）RFID 标签定位技术

RFID 标签定位技术是利用电子标签和阅读器之间建立起通信，通过服务器对特征信息进行处理，确定电子标签和阅读器之间的距离，实现对目标物体进行定位的技术，该定位方法可以实现基于阅读器的定位和基于电子标签的定位。

① 基于阅读器的定位。将阅读器布局在待定位的目标物体上，目标物体在需要定位的场景中进行移位，阅读器会向一定的方向发射电磁信号，通过电磁信号激活事先在固定位置布局的电子标签，电子标签在受到辐射后反馈信号，并被阅读器采集。在这过程中，电子标签类似一面镜子，对信号进行了反射。

② 基于标签的定位。电子标签布局在目标物体上，阅读器安装在相对固定的位置，通过目标物体的运动，阅读器发射的电磁信号被移动目标物体上的电子标签反馈，并被阅读器采集，之后根据定位需要设计的算法，确定目标物体和阅读器的位置关系，实现对目标物体定位的目的。

（6）基于数据内插的定位技术

数据内插法目的是减少数据库中数据量。在指纹定位技术中我们知道，为了提高定位精度，需要采集大量的指纹数据，并建立指纹数据库，特征数据采集相当耗时耗力，并有大量的数据需要存储而消耗处理器的内存，在定位过程中将导致处理时间增加，不能保证定位的瞬时性，降低了时效性。

数据内插的定位技术基本指导思想是利用相对少的数据，通过采集的部分数据特征，对没有采集的区域的数据进行插值，实现数据库的完整性。通过内插法，减少了数据采集的工作量，提高了数据库处理效率，定位的时效性得到进一步提高。

2.3 定位误差分析方法

2.3.1 参数化室内定位精度影响因素

无线电信号在传输过程中，会受到各种因素的影响，导致实测数据和实验数据有一定的偏差，最主要是受到下面几个因素的影响。

（1）信号自由空间的传输衰减

电磁信号的传输会受到设备的增益、信号的频率、电磁波的波长及环境功率场等多种因素影响，各种因素影响如式（2-42）所示：

$$P_r = \frac{FG_r\lambda^2}{4\pi L} \qquad (2-42)$$

式中，P_r 为接收信号的功率；F 为接收天线所处的电磁环境的功率密度；G_r 为接收天线的增益，与天线的物理尺寸及形状有关；λ 为电磁波长，与电磁信号的频率有关；L 为传输环境及设备等带来的损耗。

接收天线的信号功率 F 表示如式（2-43）所示：

$$F = \frac{P_t G_t}{4\pi d^2} \qquad (2-43)$$

式中，P_t 为发射设备发射的功率，G_t 是发射设备的天线增益，d 为发射设备与接收设备间的传播距离。

若将式（2-42）与式（2-43）进行组合，并利用分贝表示，可以得到式（2-44）：

$$P_r = P_t + 10\lg(G_r) + 20\lg(\lambda) - 20\lg(d) - 22 \qquad (2-44)$$

（2）信号的吸收效应

信号在实际传输环境中，避免不了部分信号会被外界环境吸收。由于受到建筑物、室内家具及人为活动等因素的遮挡影响，信号将会衰减。信号衰减还与传输距离 d、传播媒介及频率有关。在无线信号传输频率高于10GHz的情况下，由吸收效应造成的衰减尤为突出，可以达到1~60dB。若频率低于10GHz，吸收就不是特别明显，但会造成1~20dB的衰减。

（3）非视距传输

非视距传输对信号影响非常大，对定位精度提高不利，尤其是对基于时间的 TOA、TDOA 或 RTTOA 算法造成有偏估计。主要影响体现在信号的反射和衍射。

① 信号的反射。电磁波在传输过程中会遇到障碍物尺寸比自身波长大的情况，有一部分会被障碍物吸收，也有部分会沿反射路径继续传播。在信号传输模型中，一般会有直线（视距）和反射（非视距）两种情况同时发生，直射信号和反射信号之间会形成干扰，若反射面光洁，能量耗损就相对小些，若比较粗糙，则会导致大部分信号被吸收。

② 信号的衍射。当电磁波传输到障碍物边缘时，信号会发生衍射，在障碍物后面会有一定的信号继续传播，若在传播过程中发生比较严重的衍射现象，就会导致信号衰减严重。若为视距传输，衍射的影响基本上不予考虑。

（4）多径传输和阴影效应

多径传输主要对 AOA 和 RSS 的参数有影响，同时也会影响基于时间测量的定位算法，降低估计精度。在复杂环境里，信号会被反射，导致反射波与直射波在相位和延时上有差异，会出现信号快衰落现象，同时会导致信号幅度发生变化，改变原电波该有的属性，这将会对基于相位或能量进行定位的算法产生影响。在信号传输过程中，阴影效应极大地消耗掉接收设备获取的能量，对基于能量定位算法的定位精度将会产生一定的偏差。

2.3.2　制约现有非参数化室内定位精度的因素

就目前来看，非参数化定位方法尽管是提高室内定位精度的一种有效办法，但会受到场景的制约，包括人员活动、气候变化、设备的差异等。缺陷主要表现在以下几个方面。

1）失配问题

非参数化室内定位基本上都要经历两个阶段，即离线（数据库建立）阶段和在线（实时定位）阶段。在离线阶段，也是训练阶段，需要采集大量的数据，并建立数据库。数据库建立时的场景、气候条件、影响因素随时会发生改变，建立的数据库具有一定的时间特殊性。在在线阶段，实时定位采集到的数据同样会受到当时的场景、气候和人员活动等多种因素影响，也就是说建库的离线阶段和实时定位的在线阶段，影响定位的因素是不一样的，即可能处在一种失配状态。

2）信道状态信息利用率低

室内定位和室外定位大多是根据发射设备和接收设备的信息在信道传输时建立位置关系的定位，以信号传输中能量损失为定位基础的 RSS，会受到多种外界因素影响，导致部分信号特征丢失。信号在传输过程中有很多信号特征可以被利用，包括室内信道状态信息以及与信道信息相关的高维空间谱信息，这些信息参数比基于 RSS 的信息参数具有更稳定的统计特征。因此，如何很好地利用多种参数建立指纹数据库，解决 RSS 室内定位环境受限问题，提高信道状态信息利用率，提高定位精度，是一个需要解决的问题。

3）指纹库的利用率低

非参数化定位大多是建立在传输信号场强数据库基础上进行定位的，但仅仅利用信号强度指纹信息进行定位有一定的局限性；若利用信道脉冲响应函数、自相关函数等指纹信息替代场强指纹信息进行室内定位，则定位精度会有明显的改善。利用多种指纹技术融合对目标物体进行室内定位，也是一种提高室内定位精度的方法。

第3章 智能机器人室内WiFi指纹定位

当前，有的学者对指纹定位算法的实用性持不乐观态度。这主要是因为大部分的指纹定位方法需要经历实时建库的过程，这种实时建库对定位的实时性提出了很大的挑战，需要在极短的定位时间内完成指纹地图的构建。目前对于指纹库建库还有很多需要研究和解决的问题。通过前期对室内定位的研究发现，很多室内定位的指纹库大多采用接收信号强度（Received Signal Strength，RSS）作为指纹参数并研究相关的定位算法。鉴于室内环境的复杂性和严重的非平稳性，基于 RSS 的 WiFi 室内指纹定位技术还有很多问题值得深入研究。

3.1　WiFi 定位基本理论基础

3.1.1　WiFi 技术概述

WiFi（Wireless Fidelity）是 IEEE 802.11 协议簇的一种统称，由无线以太网兼容性联盟（Wireless Ethernet Compatibility Alliance，WECA）提出。可以利用无线 WiFi 信号实现智能终端设备（智能机器人、智能手机、电话手表、笔记本电脑、平板电脑等）间互联互通。该技术可以实现近距离通信，为客户提供宽带互联网的接入。WiFi 组网技术离不开无线接入点（Access Point，AP）和无线网卡。

（1）WiFi 优点

① 信号覆盖广。在智慧城市、智慧家园、智慧教室等"智慧＋"的背景下，WiFi 无线网络基本上覆盖了城市的每个角落，在室内外场景中也基本上实现了无缝覆盖。

② 高可靠性，高速率。数据传输安全可靠，带宽高达 11Mbit/s，并可根据需要进行带宽分配和调节，保障了网络的合理分配和网络安全。

③ 非接触式网络布局。无需在网络覆盖的服务区域布局大量的网线，可以根据室内外用户的覆盖需求进行布局，更好地服务于携带智能无线终端的用户。

④ 电磁波功率健康安全。根据 IEEE 802.11 规定，WiFi 路由器的功率不高于 100mW。一般应用场景的功率大约在 60～70mW，远低于手机和对讲机的发射功率，对人体健康基本上不会产生影响，是一种安全的通信接入方式。

⑤ 便利的网络接入。由于大部分室内或者室外场景都有 WiFi 网络覆盖，特别是家庭、学校、商场、高铁、地铁等场所，只要有网络接入需求，在授权的情况下马上可以选择合适的网络进行联网，满足实时通信需求。

（2）WiFi 缺点

WiFi 不是没有缺陷，它也存在一些不足，比如：覆盖范围没有蜂窝通信基站广，带宽一般不及有线网络高，在大量布局无线路由器的覆盖区域需要频繁切换才能保证正常通信，并且会造成切换延时，不过这些不足随着信息技术的发展正在逐步得到弥补。

3.1.2　WiFi 网络结构

WiFi 网络主要是由因特网、蜂窝基站（BSS）、无线路由器（WiFi Hotspot）、装配有无线宽带网卡的智能接入设备组成，其中因特网可以为无线路由器提供有线网络，也可以为蜂窝基站提供有线信号。蜂窝基站也可以为智能设备提供 2G/3G/4G/5G 的通信信号。无线路由器也可以为智能机器人、智能手机、笔记本电脑、实时传输摄像机等智能设备提供无线覆盖，WiFi 网络结构如图 3-1 所示。

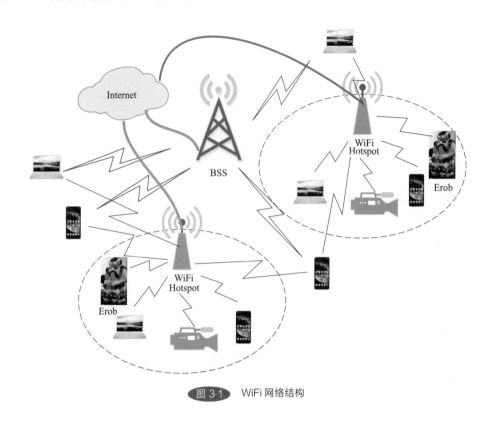

图 3-1 WiFi 网络结构

3.1.3 WiFi 网络定位

WiFi 目前是手持智能终端设备者获取无线网络最普遍的一种入网方式，在酒店、商业区、办公区及校园等公共场所，随处可搜索到无线网络（WiFi）信号，为人们智能出行和生活、办公、学习带来了便利。WiFi 无线网络的广泛应用最主要是得益于系统设备便宜、安装简单、管理省事、不需要太多的技术支持等优点。随着人们对定位需求的增加，人们开始思考用无处不在的 WiFi 信号来对无线网络覆盖下的目标物体进行定位，开始投入基于 WiFi 定位服务的研究，在一些应用领域已经获得了初步成效，不过还有很大的研究空间。

经过对 IEEE 802.11k 2008、IEEE 802.11u 2011、IEEE 802.11v（2011 版）的修改，当前的无线局域网（WLAN）标准 IEEE 802.11（2012 版）已经实现了对 WLAN 定位功能的支持，可以对智能终端设备进行位置跟踪定位，其技术手段主要包括 RSS、TOA 和 TDOA 等。IEEE 802.11（2012 版）主要还是通过 RTTOA 的方法来实现定位，并每隔 10ns 上报一次获取的 RTTOA 定时测量值，其空间分辨率达到 3m，定时误差可表示为 $\Delta t = \pm n_{err} \times 10ns$，其中 $n_{err} = 1, 2, \cdots, 254$，当 $n_{err} = 255$ 时，$\Delta t \geqslant \pm 2.55\mu s$，当 $n_{err} = 0$ 时，Δt 不确定。

基于 IEEE 802.11v（2011 版）标准的定位在 2009 年 Prieto 等发表的论文中可以查询，他们采用了 RTTOA 技术，实现了 $CEP_{67\%} \approx 5m$ 的室内定位精度。2013 年 AeroScout 公司开发了基于 RSS 和 TDOA 测量的 WLAN 定位技术产品。目前大多采用 RSS 测量值为参数的 WLAN 定位产品应用于 LCS（Location Services），其过程是通过移动台（MT）被动扫描的方式，从 WLAN 接入点 AP（Access Point）周期性地获取 RSS（Received Signal Strength）测量值。日常应用的智能终端设备，比如智能机器人、智能手机、电话手表、笔记本电脑等，可通过其自身系统中的 WLAN 应用接口（Application Programming Interface，API）获取 RSS 的信号值。基于 WLAN 的 RSS 定位技术主要包括以下三大类方法：Cell-ID 定位法、三边测距法和无线指纹定位法。

1）Cell-ID 定位法

这种方法是通过移动台（MT）扫描所在的 WLAN 覆盖下的信道，并把捕获到的最强信号对应的 AP 的位置上报给服务器，并初步获取位置信息，实现粗略定位，工作原理与移动通信中基站对通信终端定位原理基本相同。当智能终端进入到基站覆盖区域，根据信号强度决策选择提供无线覆盖的基站，并上报基站识别码（ID）给服务器，基站所处的位置就是智能终端所处的大概位置。在采用 Cell-ID 定位方法时，移动设备需要知道 AP 的位置及其媒体接入控制（Media Access Control，MAC）地址有关的信息。该方法定位精度主要与接入点 AP 的距离和设备接收到的 RSS 测量值有关，所以为了提高定位精度，需要采用多信道 WLAN 扫描，通过多个 AP 组成网络，构建 Cell-ID 识别码库，同时对 RSS 数据进行加权降噪处理。

2）三边测距法

利用无线信号路径损耗模型，通过对 RSS 的测量，根据损耗情况与 AP 间的位置关系进行映射。在 Cell-ID 定位法中，通信终端设备需要知道无线接入点 AP 的位置与 MAC 地址等先验知识。室内环境复杂，避免不了受到各种室内因素影响，导致信道传输模型变得复杂，定位结果也不尽人意。为了降低各种因素影响，可以采用增强模型三边测距法以提高定位效果，该方法利用三角测量等方法推算出智能终端与无线局域网接入点 AP 的直接物理距离，进而估算出智能终端的位置。或者采用概率滤波等其他方法降噪，保留出现在覆盖区域概率高的事件数据，把出现在定位中的不合理数据进行滤波，使定位性能有所提高。

3）指纹定位法

指纹定位法是基于 RSS、幅度、相位等信息的测量，在需要定位的目标物体活动区域建立空间网格（指纹），通过测量上述信息参数，建立空间指纹信息库。该过程也是一种训练过程，也称为离线测量阶段。这些实验模型其实就是建立无线电地图，目的是在无线电覆盖区域下对多个位置进行大量数据的采集，并建库。

指纹定位技术可以很好地降低信号传播误差，地图构建阶段可以视为校准阶段或训练阶段，采集的数据也称为校准数据或训练数据，对应采集信号特征的网格点也称为校准点或参考点。

在实时定位过程中，实时采集到的特征数据将与事先采集处理的数据库进行比对，找到最接近的数据，该数据对应指纹库中的位置，实现位置匹配，达到定位的目的。无线指纹定位的两个阶段如图 3-2 所示。

指纹定位法需要经历比较繁琐的数据采集和建库过程，采取其他手段来降低工作量是很有必要的，比如插值法、模型估计推演法等。

WLAN 覆盖下基于 RSS 的定位技术得到了很好的研究和应用，该方法基于无线信号的监听和扫描，通过用户设备主动扫描和被动监听用户所处的覆盖区域的 AP 信号，辨析收到的数据帧的 MAC 地址和 SSID（Service Set Identifier），识别出 AP，采集需要的数据信息。

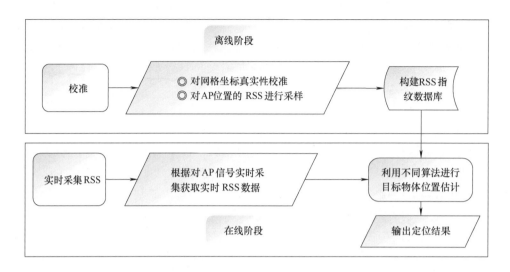

图 3-2   基于无线指纹定位的两个阶段

WLAN 覆盖下基于 RSS 的定位系统构架和原理如图 3-3 所示。

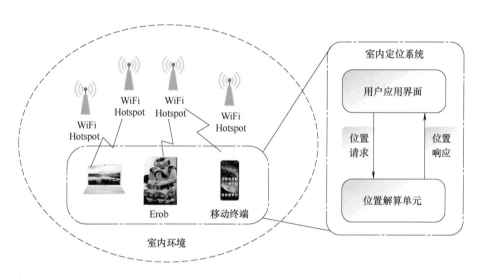

图 3-3   WLAN 覆盖下基于 RSS 的定位系统构架和原理

3.2 WiFi 指纹算法研究

（1）NNSS 算法

匹配算法有很多，其中微软公司的 Bahl 提出的信号空间最近邻（NNSS）算法得到了很好的应用。该定位算法步骤如下：

① 利用智能终端设备扫描目标物体所在区域的 AP 信号，并读取 MAC 地址和对应的 RSS 值；

② 将扫描到的 RSS 值与指纹库中的每个指纹点进行匹配；

③ 设定匹配度 *Length*，并建立等式，如式（3-1）所示：

$$Length_i = \sum_{m=1}^{M} (SL_{mi} - RL_{mi})^2 + \sum_{n=1}^{N} SNR_{ni}^2 \tag{3-1}$$

式中，$SL_{mi} - RL_{mi}$ 为扫描到的 MAC 和指纹库中第 i 个参考位置的相同的 MAC 对应的 RSS 值之差，SNR_{ni} 为扫描到的 MAC 和指纹库中第 i 个参考位置不同的 MAC 对应的 RSS 值；

④ 根据上述公式求解出指纹库中所有指纹点对应的 *Length*；

⑤ 对 *Length* 值大小进行排序，其中最小值对应目标物体所在的位置点，即为定位结果。

采用 NNSS 算法的前提条件是事先知道定位环境中各个 AP 的布局位置，对于事先安装好的 AP 定位环境有一定的参考价值。

由于上述算法还有改进空间，我们对匹配度重新定义，如式（3-2）所示：

$$Length_i = \left(1 - \frac{NUM_{si}}{NUM_i}\right) \sum_{m=1}^{M} (SL_{mi} - RL_{mi})^2 + \sum_{n=1}^{N} SNR_{ni}^2 \tag{3-2}$$

式中，NUM_i 为指纹库中智能机器人当前位置搜索到的对其覆盖的总 AP 数，NUM_{si} 为在线定位阶段智能机器人在当前位置搜索到的与指纹库中当前位置具有相同 AP 编码的总 AP 数。图 3-4 对该算法进行了很好的描述。

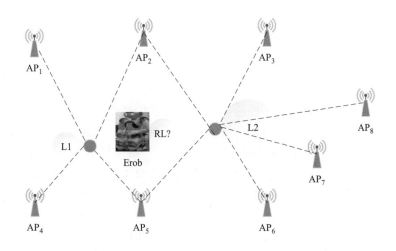

图 3-4 智能机器人在 WiFi 覆盖下的位置确定示意图

图中 L1、L2 为指纹点，L1 接收到 AP_1、AP_2、AP_4、AP_5 发射的信号，L2 接收到 AP_2、AP_3、AP_5、AP_6、AP_7、AP_8 发射的信号。定位时智能机器人接收到 AP_2、AP_5 发射的信号，那么在 L1 的相似度 $Length_i$ 时，$NUM_1 = 4$，$NUM_{s1} = 2$，L2 的相似度为 $Length_i$ 时，$NUM_1 = 6$，$NUM_{s1} = 2$。

（2）聚类算法

① K-means 聚类算法。在室内定位系统中，通过利用 AP 对定位区域进行覆盖，采用

K 均值聚类对 RSS 指纹库进行分区处理，可以降低系统计算量，提高系统定位效率。其算法流程如图 3-5 所示。

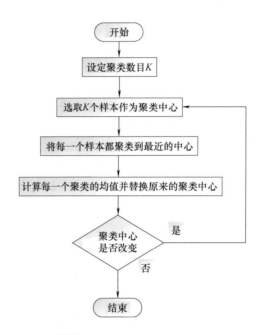

图 3-5 K-means 聚类算法流程图

通过 K-means 聚类算法，对不满足需要的聚类中心不断循环运算，直到所有的采样点到相应的中心距离之和 E 收敛到最小，其中 E 的函数如式（3-3）所示：

$$E = \sum_{i=1}^{k} \sum_{l_j \in c_i} \| l_j - cc_i \| \tag{3-3}$$

式中，cc_i 为 c_i 的均值。

② 共享 AP 聚类。无线信号在传输过程中，随着传播距离的增加，信号会发生衰减，在距离信号源较近的地方，信号比较强。在共享 AP 聚类时，利用定位目标物体在 AP 信号覆盖的环境中对 RSS 信号进行接收，并按接收到的 AP 信号的 RSS 强度排序，将信号质量好的、强度能够满足定位需求的 AP 作为类聚首选。在分类实施时，可以根据定位需要，选择一到四个最强的 RSS 对应的 AP 进行分簇，具体 AP 数目还要根据具体场景实际调整，以达到理想的分类效果。

③ 最大似然估计算法。最大似然估计算法在定位中需要构建似然函数，设定测量值 Z 在估计量 X 下的条件概率密度为 $f(Z/X)$，当 $\prod_{i=1}^{k} f(Z(i)/X)$ 达到最大参数值时，$\hat{X}$ 作为 X 的估计值，如式（3-4）和式（3-5）所示。

$$\prod_{i=1}^{k} f(Z(i)/\hat{X}) = \max \prod_{i=1}^{k} f(Z(i)/X) \tag{3-4}$$

$$L = L(Z(1), Z(2), Z(3), \cdots, Z(k), X) = \prod_{i=1}^{k} f(Z(i)/X) \tag{3-5}$$

设定 $L=L(Z^k, X)$ 为关于 X 函数的似然函数，若 $L=L(Z^k, X)$ 在 $\hat{X}$ 达到最大值，则 $\hat{X}$ 为 X 的最大似然估计。所以求解估计量的最大似然估计值的问题，就是求解似然函数 L 的最大值问题。由于函数 $\ln(L)$ 和 L 同时达到最大值，所以求解 L 最大值时只需求解 $\ln(L)$ 的最大值点即可，这样求解就便捷得多了。一般地，X 是一个向量，可以表达为 $X=(x_1, x_2, x_3, \cdots, x_n)$，$\ln(L)$ 在最大值点 $(\hat{X}_1, \hat{X}_2, \hat{X}_3, \cdots, \hat{X}_n)$ 的一阶导数值为零，所以有：

$$\frac{\partial}{\partial x_1}\ln(L)=0, \frac{\partial}{\partial x_2}\ln(L)=0, \frac{\partial}{\partial x_3}\ln(L)=0, \cdots, \frac{\partial}{\partial x_n}\ln(L)=0 \tag{3-6}$$

此方程组的解为所求的极大似然估计。

极大似然估计法有如下特性：若 $\hat{X}$ 为 $f(Z/X)$ 中参数 X 的极大似然估计量，同时函数 $u=u(X)$ 具有单值反函数 $X=X(u)$，则 $u(\hat{X})$ 也是 $u(X)$ 的极大似然估计量。

若一个室内定位区域内有多个节点，坐标为 (x_1, y_1)，(x_2, y_2)，(x_3, y_3)，$\cdots$，(x_n, y_n)，这些坐标与未知节点 $T(x, y)$ 的距离分别表示为 d_1，d_2，d_3，$\cdots$，d_n，则可用式 (3-7) 表示。

$$\begin{cases} (x_1-x)^2+(y_1-y)^2=d_1^2 \\ (x_2-x)^2+(y_2-y)^2=d_2^2 \\ \vdots \\ (x_n-x)^2+(y_n-y)^2=d_n^2 \end{cases} \tag{3-7}$$

各方程式分别减去最后一个方程式，可得：

$$\begin{cases} x_1^2-x_n^2+2(x_1-x_n)x+y_1^2-y_n^2-2(y_1-y_n)y=d_1^2-d_n^2 \\ x_2^2-x_n^2+2(x_2-x_n)x+y_2^2-y_n^2-2(y_2-y_n)y=d_2^2-d_n^2 \\ \vdots \\ x_{n-1}^2-x_n^2+2(x_{n-1}-x_n)x+y_{n-1}^2-y_n^2-2(y_{n-1}-y_n)y=d_{n-1}^2-d_n^2 \end{cases} \tag{3-8}$$

上式线性表达式可以写为 $AX=b$，其中：

$$A=\begin{bmatrix} 2(x_1-x_n) & 2(y_1-y_n) \\ 2(x_2-x_n) & 2(y_2-y_n) \\ \vdots \\ 2(x_{n-1}-x_n) & 2(y_{n-1}-y_n) \end{bmatrix}, b=\begin{bmatrix} x_1^2-x_n^2+y_1^2-y_n^2+d_1^2-d_n^2 \\ x_2^2-x_n^2+y_2^2-y_n^2+d_2^2-d_n^2 \\ \vdots \\ x_{n-1}^2-x_n^2+y_{n-1}^2-y_n^2+d_{n-1}^2-d_n^2 \end{bmatrix}, X=\begin{bmatrix} x \\ y \end{bmatrix}$$

利用标准的最小二乘法可以得到目标节点 $T(x, y)$ 的位置为 $\hat{X}=(A^TA)^{-1}A^Tb$。

④ 基于 Pearson 相关系数的定位算法。该算法是利用两组数据的曲线相似度，减少设备差异性造成的影响，不需要计算 AP 位置与待定位目标的欧氏距离。

Pearson 相关系数用于评价两个数据集的关联程度，即曲线相似度。若两组数据为正态分布的连续变量，则可用 Pearson 相关系数来表示两组变量之间的关联度，如式（3-9）所示：

$$\frac{N\sum x_i y_i - \sum x_i \sum y_i}{\sqrt{N\sum x_i^2 - (\sum x_i)^2}\sqrt{N\sum y_i^2 - (\sum y_i)^2}} \tag{3-9}$$

为了更清晰了解上述表达式在 AP 定位中的应用，设定移动目标位置为：$X=\begin{bmatrix}1 & 2 & 3\end{bmatrix}$，$Y=\begin{bmatrix}2 & 5 & 6\end{bmatrix}$，$r=corrcoef(X,Y)$，通过 MATLAB 处理，得到 $r=0.9608$。若 $X=\begin{bmatrix}1 & 2 & 3\end{bmatrix}$，$Y=\begin{bmatrix}4 & 5 & 6\end{bmatrix}$，$r=corrcoef(X,Y)$，通过 MATLAB 处理，得到 $r=1$。

基于 AP 信号 RSS 强度的 Pearson 相关系数定位，我们在实验场景进行过相关实验，所布局的地面标签如图 3-6 所示，可将不同的相关系数填入表 3-1 中。

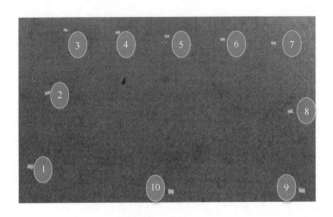

图 3-6   标签布局图

在实验场景中，设定有多个可能出现的定位区域，可以对编号为 1 的参考用户位置进行定位，将用户终端所采集到的 RSS 数据与其他区域指纹进行比对，计算出相应的 Pearson 相关系数，填入表 3-1 中，通过相关系数大小比较，会发现有一个相关系数最大，若区域 1 这个位置与该处指纹最相似，则用户的位置基本上可以确定在区域 1。

通过计算用户实时采集的 RSS 数据与指纹数据库中的 RSS 的相似度，能够大概确定用户所在的位置。当然定位的精度与指纹布局的密度有关，若需要定位精度高，则需要布局更小的网格间距。

表 3-1   区域不同的相关系数列表

区域	Pearson 相关系数
1	
2	
3	
4	
5	
...	...
N	

⑤ 质心算法。所谓质心，是指几何多边形的几何中心，若已知几何各顶点位置，以坐标体现为 $(x_1,y_1)(x_2,y_2),(x_3,y_3),\cdots,(x_n,y_n)$，多边形质心可以通过式（3-10）计算：

$$(x,y)=\left(\frac{x_1+x_2+x_3+\cdots+x_n}{n},\frac{y_1+y_2+y_3+\cdots+y_n}{n}\right) \quad (3\text{-}10)$$

由于定位环境中 AP 布局位置事先已知，当定位目标物体智能机器人进入到定位区域时，会采集到来自不同 AP 的 RSS 信号，则可以通过已知参考节点的位置的 RSS 数据库和采集到的 RSS 信号来确定目标物体智能机器人所在的位置，如图 3-7 所示。

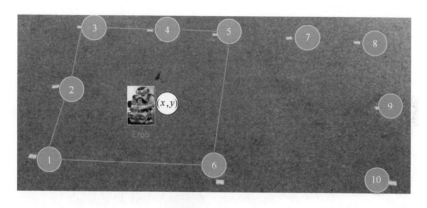

图 3-7　质心算法图

⑥ KNN 算法。KNN（K-Nearest Neighbor，KNN）算法最初是由 Cover 和 Hart 在 1968 年提出，其依据距离函数来计算待分类样本和训练样本的距离。由于信号在传输过程中会受到各种因素影响，导致能量衰减，一般来说，距离 AP 越近的地方，RSS 信号就越强，若距离逐渐增大，信号就会呈指数衰减。根据定位需要，待定位目标物体可以选择距离比较近的多个 AP 提供定位信号，这就是 KNN 算法的指导思想，KNN 算法的定位流程如图 3-8 所示。

在室内定位环境中，若待定位目标物体智能机器人能够收到来自 m 个 AP 的 RSS 信号，在指纹库中的 m 个参考点的位置指纹设定为 $r=\{r_1,r_2,\cdots,r_m\}$，其中每个指纹向量均由 m 个 AP 的 RSS 数据组成，设定为 $r_i=[r_{AP_1}^i,r_{AP_2}^i,\cdots,r_{AP_m}^i]$，则接收到的 RSS 信号与第 i 个 RSS 指纹的相似度定义为：

$$s_i=\sqrt{\sum_{j=1}^{m}(r_{AP_j}^0-r_{AP_j}^i)^2} \quad (3\text{-}11)$$

式中，$r_{AP_j}^i$ 为第 i 个参考点的第 j 个 AP 对应的 RSS 分量，$r_{AP_j}^0$ 为第 j 个 AP 对应的 RSS 分量。s_i 越小，则第 i 个 RSS 指纹与接收信号强度相似度就越大。将 K 个相似度中最小值对应的 RSS 指纹的坐标平均值作为智能机器人的坐标，计算如式（3-12）所示：

$$(x,y)=\frac{1}{K}\sum_{j=1}^{K}(x_j,y_j) \quad (3\text{-}12)$$

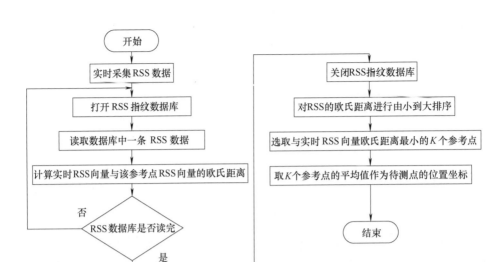

图 3-8 KNN 算法的定位流程图

其中 (x_j, y_j) 为选定的 m 个参考点的第 j 个参考点的坐标，(x, y) 为经过 KNN 算法计算得到的坐标位置估计。

⑦ WKNN 算法。WKNN（Weighted K-Nearest Neighbor，WKNN）算法是对 KNN 算法的一种改进，主要是在 KNN 算法中引入了权重因子，不只对 K 个样本进行均值估计以确定待测目标物体的位置，而且根据 K 个近临点对定位目标的贡献程度来进行位置估计。其算法模型可以参考式（3-13）。

$$(x, y) = \sum_{j=1}^{K} w_j (x_j, y_j) \tag{3-13}$$

$$w_j = \frac{\dfrac{1}{S_j^2}}{\sum_{i=1}^{K} \left(\dfrac{1}{S_j^2} \right)} \tag{3-14}$$

式中，w_j 为定位过程中第 j 个参考点的权重因子。若 w_j 取相同的值，则有 $w_j = \dfrac{1}{K}$，则每个近邻点在定位中的贡献是一样的。w_j 取值取决于参考点 RSS 与测试点 RSS 之间的相似度，一般地，定位过程中权重因子越大，相关近邻点对定位的贡献就越大。

3.3 WiFi 网络布局

在无线通信系统中，网络覆盖有多种组合方式，其最终的目的是让需要通信的终端设备能便捷地使用到无线信号，最终实现通信的目的。根据不同应用场景和用途的差异性，可对网络布局选择不同的方式。

1）单 AP 场景定位

AP 布局带有一定的随机性，目的是根据无线通信覆盖的需要，为用户提供 WiFi 热点覆盖，给人们提供无处不在的网络服务。以通信服务为目的布局的 AP，基本原则是基于用户的需要，为服务区域提供无缝链接，随处可以享受高质量的无线网络资源。但是在布局 AP 过程中服务对象是不一样的，比如在一个居民小区，基本上每家每户都安装了无线路由器，这些路由器最终是为自家人员用网服务，保证家人的手机、笔记本、平板等无线智能终端能够实现无线通信，其布局位置具有一定的随机性，可以在客厅、卧室、阳台等地方。在校园内，同样面临这样的问题，学校网络管理中心在校园主干道、休闲场所、体育训练中心、大型会议室及教室等区域基本都安装有无线路由器，基本实现了无缝链接，可以在校园内利用 WiFi 实现无线通信。

WiFi 是无线局域网（WLAN）最具代表性的一个网络载体，可以利用 WiFi 的其他特性为人们提供特殊服务，比如定位服务。在 WiFi 信号覆盖下的区域，大部分智能终端设备都可以采集得到 AP 的相关信息，包括波长、频率、波幅度、相位、SSID 及能量强度等，这些信息可以用于室内外智能终端设备的定位。

利用 WiFi 信号进行定位，可以采取扇区分割手段，对单一 AP 服务下的定位区域进行分割，如图 3-9 所示。

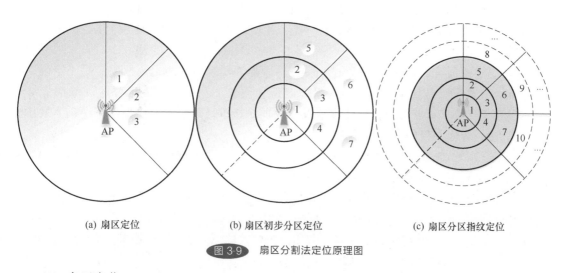

(a) 扇区定位　　　　　　(b) 扇区初步分区定位　　　　　　(c) 扇区分区指纹定位

图 3-9　扇区分割法定位原理图

（1）扇区定位

扇区定位，目的是发现目标物体处于坐标系中的相位区。在图 3-9（a）图中，每个相位区的相位角度为 45°，3 个相位区分别命名为相位区 1、相位区 2 及相位区 3，在对目标物体定位过程中，我们主要是发现需要定位的物体在哪个相位区就行，不需要知道距离 AP 有多远，这种定位方式与前面介绍的基站蜂窝 Cell 定位原理差不多。扇区定位的精度与 AP 的功率覆盖有关，同时还与传播环境复杂度有一定的关系，在空旷的室内外环境中有一定的应用价值，比如携带儿童手表的学龄儿童定位，广场中人员方位的辨别和确定等。

（2）扇区初步分区定位

在一定的扇区范围下，比如在图 3-9（b）的 135°扇区中，可分为 3 个相位区，每个相位区的相位角度为 45°，再把该扇区划分为 7 个定位区域，并将这 7 个区域编号为 1～7，离中心比较近的区域为 1，较远的区域再分为 3 个大的区域，分别为右上（2、5）、右中

（3、6）、右下（4、7），其定位方式是一种扇区中再分区的形式。目标物体在不同区域，定位的服务器需要知道定位目标所在的大概方位，对电波角度、传播时间或者电波能量衰减等参数进行测量，并通过一定的算法来进行定位，得到目标物体的大概位置。这是利用扇区定位方法实现对目标物体的位置发现，不过这种定位方式精度不高，在定位精度要求不高的场景下可以考虑使用，比如对携带定位手环的学龄儿童或老人、在广场中移动的智能机器人及车库中车辆的定位，以发现目标物体的大概位置。

（3）扇区分区指纹定位

与前两种扇区定位方式相比，扇区分区指纹定位是一种相对比较精确的定位方式，如图3-9（c）所示。该方法是利用扇区分割手段，对已经分了扇区的区域进行再细分，建立起环形的指纹栅格，根据定位精度需要，适当调整栅格的疏密程度。该方法可以获取相位、能量强度以及方位角等参数，并通过技术手段实现参数的有机融合，满足精度要求较高的定位需求。

可以用于 WLAN 定位的无线路由器的 AP 有很多，究竟用多少 AP 布局在定位环境中比较合理，如何布局 AP，采用什么样的拓扑结构，这些问题需要根据具体需要进一步研究。

2）AP 布局数量的合理性

用于定位的 WLAN 对 AP 的布局要求有一定的特殊性。在定位过程中，多个 AP 工作在同频或者邻频时会导致无线信号发生干扰、叠加或者抵消，这样就会导致定位信号不稳定，对定位产生不利影响。

在需要定位的区域究竟需要布局多少 AP，才能够实现良好的定位效果？对于定位用的 AP 布局，我们希望尽量减少 AP 的数量，但是必须保证在每个需要定位的区域都能够有 AP 信号覆盖。为了能够保证良好的覆盖及合理的 AP 布局数量，我们提出了 AP 池最佳覆盖选择算法，算法流程如图3-10所示。

① 创建一个 AP 候选池：AP 候选池在创建时，需要保证在所有定位区域都能被 AP 网络所覆盖的情况下，该池所需的 AP 数量最少。

② 从候选池中确定最佳接入点：根据定位网格中 AP 信号覆盖的情况，选取信号质量最优的 AP 提供定位服务，即通过候选池 AP 最优算法迭代，选择最强的 RSS 信号，摒弃其他弱的 RSS 信号。需要定位的目标物体利用原先覆盖的 AP 进行定位服务，并实时监测 AP 候选池中其他 AP 的 RSS 信号。算法流程如图3-11所示。

在图3-11中，我们利用事先预设的 RSS 门限值与通信终端采集到的 RSS 值进行比对，判断是否需要重新选择 AP 候选池，若在原来池中，说明实时采集到的 RSS 能够满足定位需要，则选择合适的 AP 作为定位无线接入点。

若采集到的实时 RSS 能量与库中 RSS 能量比较，小于预设的 RSS 门限值，则需要进入到候选池中进行切换，以满足继续定位的需求。

③ 在候选池中发现信号最好的 AP，提供定位服务。

④ 覆盖需求匹配判决：判断是否满足定位信号覆盖需求，若满足，为定位系统提供符合定位需要的 AP 列表，若不满足定位需求，则需要进入候选池中去发现合适的接入点，为下一步定位提供支持。

⑤ 输出最佳 AP 列表：返回最佳 AP 所在的覆盖区域，完成多 AP 覆盖区域下 AP 的选择。

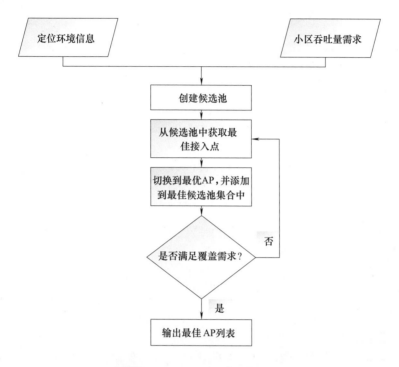

图 3-10 AP 池最佳覆盖选择算法流程

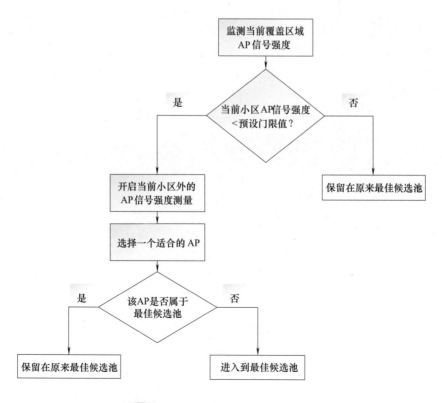

图 3-11 AP 池最佳覆盖选择迭代算法流程

该算法比较适用于大型场景，比如体育场、大型会议室、大型购物广场和街道等多 AP 场景。

尽管能够对多个 AP 场景下的目标进行比较精确的定位，但并不是每一个 AP 都适合定位需求。当移动智能终端在需要定位的区域运动时，会对 AP 覆盖区域的 WiFi 热点进行扫描，遍历 AP 池中的每一个 AP。基于稳定度的 AP 选择算法，表示为 $Sta(AP_i)$，其计算如式（3-15）所示：

$$Sta(AP_i) = \frac{1}{v + \frac{1}{N}\sum_{j=1}^{N}(RSS_j - \overline{RSS})^2} \times \frac{N_i}{\sum_{j=1}^{n}N_j} \tag{3-15}$$

式中，AP_i 表示 AP_i 在采集到的样本中出现的次数，v 为极小正数，取值为 N^{-2}，N 为采样的样本数，RSS_j 为第 j 次采集的信号强度值，$\overline{RSS}$ 为采样 N 个样本后的均值，N_i 为 AP_i 在整个样本中出现的次数，N_j 为第 j 次时发生的样本数。

在进行判决过程中，需要滤除小于 $Sta(AP_i)$ 平均值的 AP，对保留下来的 AP，采集 RSS 并进行均值处理，作为该 AP 的 RSS 特征值。理论上，对 AP 采集 RSS 的样本越多，获取的 RSS 值有效性就越高，建立的指纹库中的 RSS 值越能反映出 WLAN 网络信号的真实特性。不过若采集的 RSS 量过大，人工成本会过高，数据处理就会非常复杂，所以在很多场合研究者会通过插值法、衰减模型匹配法来降低工作量，也能够达到提高定位精度的要求。

3）AP 布局的拓扑结构

（1）单点独立布局 AP

在要求定位精度不是很高的场合，没有必要布局大量的 AP，对目标物体的发现只需要知道其大概位置即可，也就是能够定位出目标物体在 AP 附近就行。由于现在很多无线路由器信号发射基本上都是采用全向天线进行信号覆盖，所以在二维空间中 AP 的覆盖区域为圆形。单点独立布局 AP 如图 3-12 所示。

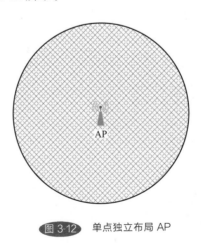

图 3-12　单点独立布局 AP

距离 AP 越近，信号强度就越强，由近及远信号强度呈指数降低，其路径损耗模型如式（3-16）所示：

$$P(d) = P(d_0) - 10\alpha\lg(d/d_0) + X_\sigma \tag{3-16}$$

式中，$P(d)$ 为移动目标节点的接收功率；d 为移动目标节点与固定参考点间的距离；d_0 一般取 1m；$P(d_0)$ 是相对距离为 d_0 时移动目标节点的接收功率；α 表示路径损耗随着距离增加的速率，主要受建筑物和环境的影响；X_σ 是以 dB 表示的标准差为 σ 的高斯白噪声，通常 $d=1m$ 时，$X_\sigma=0$。

单点独立布局 AP 的定位，可以采用基于接收信号强度（RSS）衰减模型的定位方式，也可采用基于 AP 识别的 SSID 的定位方式，当然也可采用指纹特征进行匹配定位，最终实现在单个 AP 覆盖下目标物体的位置发现。在采用独立 AP 覆盖的定位研究中，我们发现定位精度偏差是很大的，在定位精度要求比较高的场景中并不适用。

（2）直线结构布局 AP

在沿街大道、商场中的廊道、室内环境中的走廊等场所，仅仅布局单个 AP 进行覆盖是不能满足移动中的目标物体定位需要的，这就需要考虑多 AP 布局。考虑到人们活动场景大多是沿街道、廊道等接近直线的场所中移动，采用直线结构布局 AP 是首选，如图 3-13 所示。

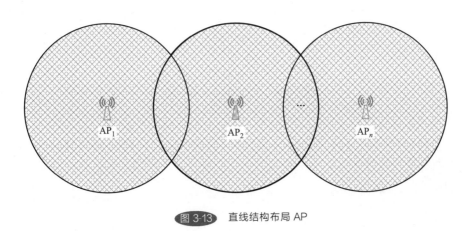

图 3-13　直线结构布局 AP

采用直线结构布局 AP，当需要定位的目标物体沿直线运动时，会出现定位目标物体频繁切换 AP、定位延迟、信号掉线等不利定位因素，需要合理地切换算法来解决切换过程中遇到的问题。智能终端与提供信号覆盖的 AP 间切换，主要考虑是否用相同频率的路由器，若用相同频率的路由器，则服务器可以通过不同的 SSID 来实现区分；若一台智能终端设备从一个 AP 覆盖区域移动到邻居 AP 覆盖区域，可以通过 SSID 码序列调整实现切换。切换判决决策上可以通过接收能量设定门限进行判决，若能量低于预先设定值，智能终端设备就启动 AP 搜寻进程，发现是否有适合的 AP 能够提供服务。AP 间的切换大多采用硬切换形式，即在断掉原先联机的 AP 后才进入到新的 AP 服务，信号稳定度没有移动通信中采用软切换的 CDMA 系统稳定度高，采用软切换最大的好处是避免掉线，避免频繁的硬切换导致的乒乓效应。

软切换是在决策门限响应过程中智能终端已经和新的信号覆盖提供方建立了链路，确定链接成功后才断掉原先的链接。软切换期间将保持两个接入点同时联机，选择更合适的信号源设备作为最终接入点。软切换时间短，能克服硬切换容易掉线的缺点，因此软切换中基本没有通信中断的现象，从而提高了覆盖质量。

（3）正三边形结构布局 AP

正三边形结构布局 AP 可以应用于街道两边的平行布局。在单街道布局中，可以按一定的距离合理布局 AP，并呈直线形，在街道的另外一边，也采用直线形布局 AP，但是两个街道之间的 AP 互相形成等边三角形结构。该布局方法还可以应用在双排正对的学生宿舍，AP 安装在门头上的安全位置；也可布局在办公区域中各个办公室的特定位置。布局如图 3-14 所示。

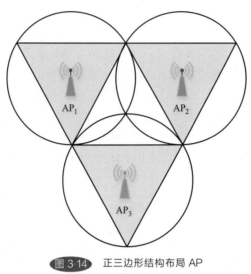

图 3-14　正三边形结构布局 AP

（4）正四边形结构布局 AP

正四边形结构布局 AP 主要是用在比较规范的建筑场景中，通过合理的矩形布局，让需要 AP 覆盖的区域能够获取通信信号或者定位特征信号，保障覆盖区域的合理覆盖。布局如图 3-15 所示。

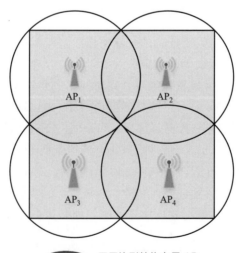

图 3-15　正四边形结构布局 AP

（5）正六边形结构布局 AP

正六边形结构布局的 AP 网络结构也称为蜂窝结构。在 AP 布局区域，经常出现两种特殊情况，即"盲点"和"热点"。在电波传播过程中，障碍物会导致信号覆盖不到，形成"盲点"区域，这些区域通信质量特差，基本保证不了正常通信；在 AP 覆盖区域，由于空间业务负荷不均匀分布，形成业务繁忙区域，导致大量通信终端无法实现网络接入，就形成了"热点"。为解决上面两个"点"的问题，可以建立蜂窝结构的 AP 布局，改善覆盖，布局如图 3-16 所示。

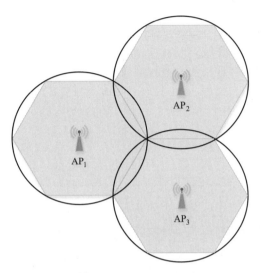

图 3-16　正六边形结构布局 AP

（6）基于正三角形、正四边形、正六边形三种结构布局 AP 性能比较

如果 AP 采用全向天线，其信号覆盖区在没有遮挡的情况下形状实际是一个圆。根据圆形结构特点，在覆盖区域的圆形相邻小区间会出现多重覆盖区或无覆盖区。布局 AP 拓扑结构时，采用正三角形、正四边形、正六边形三种结构都能很好地覆盖一个平面服务区域，如图 3-17 所示。

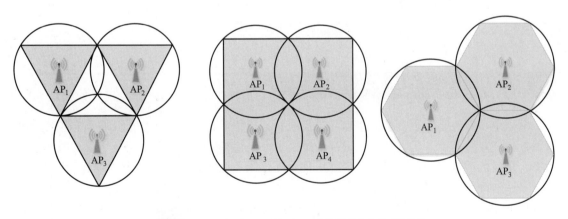

图 3-17　正三角形、正四边形、正六边形结构布局 AP 比较

设定单 AP 有效覆盖区域半径为 r，利用数学方法推算比较后可知，正三角形因为重叠面积过大，单位覆盖小区面积最小，重叠小区占覆盖小区比高。正四边形各项参数介于正三角形和正六边形之间。正六边形重叠区域的面积最小。对于同样大小的服务区域，采用正六边形所需的小区数最少，故所需频率组数也最少。因此，采用正六边形组网是最为经济有效的一种方式。

表 3-2   正三角形、正方形、正六边形结构布局 AP 性能比较

比较指标项目	AP 布局小区形状		
	正三角形	正四边形	正六边形
相邻小区的中心间隔	$\sqrt{3}r$	$\sqrt{2}r$	$\sqrt{3}r$
重叠区宽度	$(2-\sqrt{3})r \approx 0.27r$	$(2-\sqrt{2})r \approx 0.5r$	$(2-\sqrt{3})r \approx 0.27r$
单位小区面积	$\frac{3\sqrt{3}}{4}r^2 = 1.3r^2$	$2r^2$	$\frac{3\sqrt{3}}{2}r^2 \approx 2.6r^2$
交叠区面积（在正多边形内部）	$(\pi-1.3)r^2 \approx 1.84r^2$	$(\pi-2)r^2$	$(\pi-2.6)r^2 \approx 0.54r^2$
重叠区与小区面积比	1.41	0.57	0.21
所需频率组最少个数	6	4	3

采用正六边形构成的无线小区是整个面状服务区中最理想的，由于该服务区的形状很像蜂窝，所以采用这种小区制的通信网络称为蜂窝网。

在不考虑邻频或同频干扰的情况下，根据需要可以选择合适的拓扑结构。比如在面积不大的定位场景中可以考虑使用正三角形布局，在大型体育场可以采用正四边形布局，在带状场景中可以考虑直线形布局等。部分应用场景如图 3-18 所示。

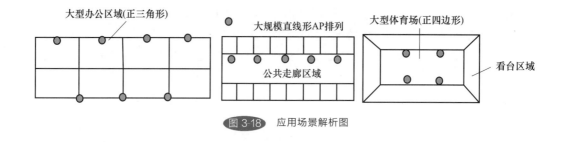

图 3-18   应用场景解析图

3.4 WiFi 指纹地图的构建

室内定位系统是一个复杂的系统，追求的并不是精度越高越好。复杂的布局和算法虽然可能会提高定位精度，但也会导致定位系统成本大幅提高。根据实际需要，考虑低成本、高效率、精度能够满足智能机器人在室内场景中提供相关教育教学服务，采用 WiFi 指纹定位无疑是一种理想的选择。

WiFi 指纹定位是建立在接收设备（比如智能机器人、智能手机、智能手环及儿童电话手表等）采集到的 RSS 与其所在的位置进行关联匹配的基础上，在不同位置、来自不同方向的 AP 信号的强度的表现力不同。

WiFi 信号指纹特征有多种表现形式，主要有信号强度指纹和空间谱指纹这两种形式。以正弦波为例，在不考虑衰减和外界因素影响的情况下，其传输函数式如下：

$$y = A\sin(\omega x + \varphi) + b \tag{3-17}$$

若需要对电波相关参数进行调节，可以对 A 进行调节，即幅度调制，在电波中对应的

是信号强度，所以建立指纹过程中会有基于接收信号强度的 RSS 指纹方式。当然也可以对 ω 进行调参，$\omega=2\pi f=2\pi/T$，这里的电波属性已经决定了 AP 的频率，解决办法是配备不同信号频率的路由器。也可以对 φ 参数进行调节，这里对应的是电波相位，在建立指纹库的过程中，根据电波相位建立相应的相位指纹库。

本书指纹定位是基于接收信号强度（RSS）在定位区域中的不同分布情况，将需要定位的目标物体采集到的 RSS 与 RSS 数据库进行关联，转换为距离位置的关系，达到智能机器人目标位置确定的目的。

3.5　室内多场景下 WiFi 指纹数据库的构建

1）　WiFi 指纹数据库构建场景选择

基于 WiFi 室内定位，首先要考虑定位的对象、目标物体的工作环境、建筑物内场景布局；其次需要考虑采用什么技术实现，辅助设备是否达到要求；最后通过环境选择，验证应用价值。

具备教育功能的智能机器人主要服务对象是教育领域的学生、老师、培训机构工作人员等，活动范围主要是在室内多场景中，可以分为三类，第一类为无障碍细长场景，典型代表是教学楼和实验室的廊道等；第二类为宽敞而有极少障碍物的场景，典型代表是校园内的展厅和讨论厅等；第三类为宽敞但有极多障碍物的场景，典型代表是教室和会议室等。这些室内场景比较复杂，有玻璃和墙体对 WiFi 信号产生反射、吸收及散射，信号也会受到讲桌、课桌椅、人员走动等遮挡，导致 WiFi 信号在定位场景中不能够实现视距传输，衰减严重，极大降低了定位精度。布局在室内环境中的无线路由器最好采用同一生产厂家、同一系列、在参数上一致的 AP 产品，并对每个 AP 各项技术指标参数进行校准，以便达到预先设定的指标需求。同时选择好定位所需的相关辅助设备及软硬件。

（1）无障碍细长场景

基于 WiFi 网络覆盖的 RSS 指纹地图构建场景选择在某高校国家数字化学习工程技术研究中心的 3 楼，在由学术讨论厅向研发中心 302 室的无障碍细长场景的廊道上进行智能机器人室内定位，选取这段廊道作为无线指纹定位的主要初衷是让智能机器人对出入 302 室的人员进行考勤识别、问候等。为了实现服务目标，需要对智能机器人进行相关的定位。无障碍细长场景的廊道长 18m、宽 1.5m，瓷砖地面，在廊道中部左侧有双开门出入阳台，并有部分用于采光的玻璃窗，右侧有进入未来教室 301（简称为 301#）的双开门，廊道场景如图 3-19 所示。

（2）宽敞又极少障碍物的场景

学术讨论厅作为宽敞而有极少障碍物的典型场景代表，与 302 室廊道相通，是一个长 9m、宽 6m 的长方形空间，有 3 套课桌椅，供师生平时研究讨论使用，并在墙壁上装配有多功能显示屏，便于展示讨论的内容，地面瓷砖和廊道瓷砖是一样的规格。学术讨论厅左侧有步梯、玻璃门禁，还有一根承重柱。场景如图 3-20 所示。

（3）宽敞但有极多障碍物的场景

301# 为宽敞但有极多障碍物的场景典型代表，长 18m、宽 5m，并被分为两部分。进门左侧为小型会议室，摆放有一套会议桌椅，地面铺有木地板；右侧是教室，摆放有大量的课桌椅，地面铺有地毯；教室和小型会议室之间没有隔墙，场景如图 3-21 所示。

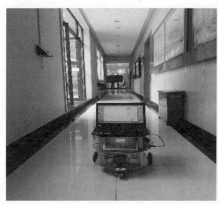
(a) 302室正对方向

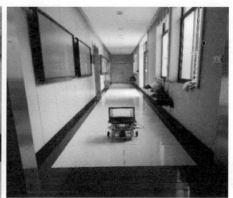
(b) 讨论厅正对方向

图 3-19   廊道场景图

(a) 正对研究中心方向

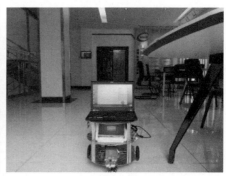
(b) 正对展厅方向

图 3-20   学术讨论厅场景图

(a) 小型会议室

(b) 教室

图 3-21   301# 场景图

2）WiFi指纹定位场景布局

（1）廊道和学术讨论厅

由于廊道和学术讨论厅连接在一起，没有门和台阶，智能机器人可以在两个区域之间无障碍移动。在对 AP 布局过程中，事先对实验场景中出现的 WiFi 信号进行了分析，在接收到的信号中，信号比较强的有 CCNU-CMCC、CCNU-ChinaNet、CCNU-Unicom、CCNU-AUTO，这些 WiFi 信号主要由与学校合作的电信运营商提供，在室内场景中布局位置不确定，且在我们需要对目标物体定位的室内环境中存在严重衰减，不适合室内定位选用。为了能够为智能机器人实施室内定位，我们需构建适合室内定位用的 WiFi 网络，选择合适的无线路由器并布局在合适的位置。

为了能够让定位场景中信号有良好的覆盖，根据前面 AP 布局研究成果，采用 3 个以上路由器就能很好地实现比较精确的定位，在此布局了 4 个 AP，分别标记为 AP$_1$、AP$_2$、AP$_3$ 和 AP$_4$，其中 AP$_1$ 布局在廊道尽头的 302 室门头上，距离地面高度 2m，并让天线方向面向廊道并保持与地面平行。AP$_2$ 布局在学术讨论厅的左上角，与 AP$_1$ 在同一水平面，并在廊道的中线位置上，距离地面也为 2m。AP$_3$ 布局在右上角，展厅门口的右侧，与 AP$_2$ 一样，保持与墙面平行，距离地面为 2m。在三楼的楼梯门禁的左侧安装 AP$_4$，位置与 AP$_2$ 和 AP$_3$ 形成等边三角形。图 3-22 为廊道和学术讨论厅的室内无线网络布局结构图。指纹网格布局结构如图 3-23 所示。

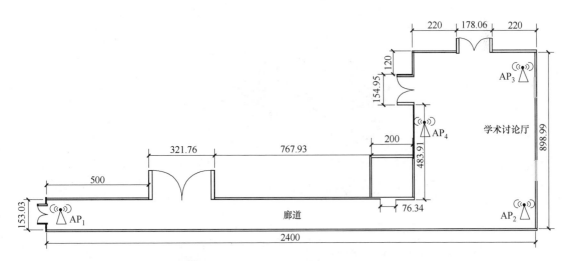

图 3-22　廊道和学术讨论厅室内无线网络布局结构

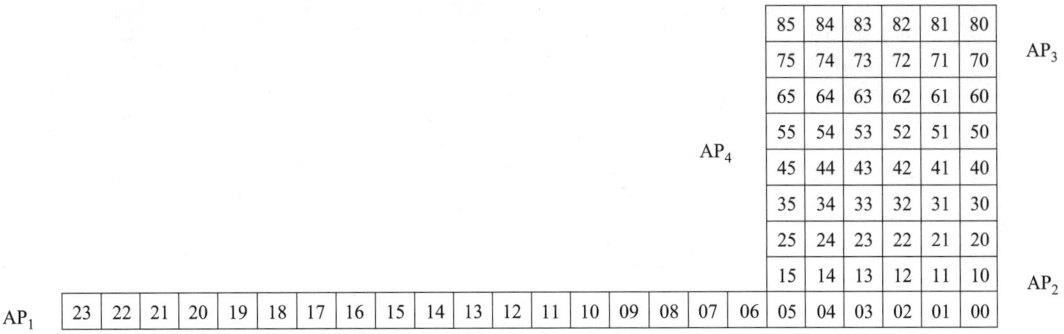

图 3-23　廊道与学术讨论厅指纹栅格结构

在实验场景中布局好无线路由器后，我们需要对指纹空间进行布局。根据定位精度的需求，设计指纹栅格为 1m 较为合适，从研发中心 302 室开始，每隔 1m 粘贴 1 个地面标签，并沿廊道中线布局到学术讨论厅。在学术讨论厅中，从 AP_2 开始向 AP_3 方向进行指纹栅格布局，间隔也为 1m，并向 AP_4 方向延展。在学术讨论厅中布局了 54 个网格。在图 3-23 中，在廊道编号 23 位置处布局 AP_1，在学术讨论厅编号 10 处布局 AP_2，编号 70 处布局 AP_3，编号 45 和 55 间布局 AP_4。4 个 AP 距离地面高度均为 2m，并安装在墙面上，AP 天线方向平行于地面。

（2）$301^{\#}$ 室内场景

该室内场景由教室和小型会议室两部分构成，根据实验需要，对教室部分进行了指纹栅格布局。该场景中有讲台、四排桌椅、三条廊道，地面铺有地毯，室内场景如图 3-24 所示，场景结构如图 3-25 所示。

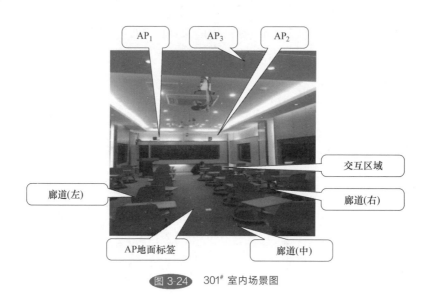

图 3-24 $301^{\#}$ 室内场景图

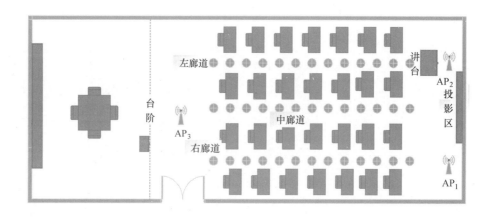

图 3-25 $301^{\#}$ 场景结构图

3）离线阶段 RSS 指纹栅格建立

无线指纹室内定位技术包括两个阶段：第一阶段是离线阶段，也称为训练阶段或建库阶段；第二阶段是在线阶段，也称为实时定位阶段。

　　离线阶段建库是结合定位环境情况，根据定位精度的需求，在智能机器人活动的场景中（廊道、学术讨论厅、301#等）合理布局无线路由器 AP，并在智能机器人活动的地面布局一定宽度的指纹网格（白色地面标签），在建立指纹过程中，根据无线 AP 信号覆盖特点，严格控制好地面标签间距（设定为 1m），在地面上设白色标签，并保持为线性栅格。RSS信号采集参考点（栅格）如图 3-26 所示。

图 3-26　301# RSS 信号采集参考点（栅格）

4）离线阶段 RSS 数据采集

　　离线阶段 RSS 数据的采集，是在针对定位目标物体的无线信号采集基础上进行的，需要特定的硬件和软件支持。本小组建库时信号采集使用的软件是 inSSIDer，AP 采用的是360mini 路由器，PC 使用的是戴尔 Studio/LenovoThinkpadX220。实验用的机器人是本小组研发的具备一定教育功能的智能机器人平台，部分设备如图 3-27 所示。

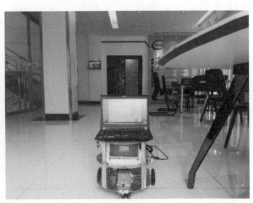

(a) 实验用的AP/电脑　　　　　　　　　　　　(b) 智能机器人

　　信号采集中部分设备

　　在对 AP 进行 RSS 数据采集前，应先设置好软件过滤功能，只允许对定位有贡献的 AP信号接入到采集软件中来，这样能够让软件采集界面比较简洁，同时也降低了干扰，数据分析过程中也可以达到简洁、高效和科学的预期效果。信号采集软件界面中主要保留了 SSID和 RSS 信息，并把对应的 SSID 号更换为对应的 AP 编号，分别编号为 AP_1、AP_2、AP_3、AP_4，这样就能同时在同一界面接收到来自不同位置的 AP 信号，实现 AP 编号与对应的RSS 数据信息在同一界面显示。在采集 RSS 信号时，在每一个参考位置点（地面标签位置）

每隔一秒采集一次，同时采集 AP_1、AP_2、AP_3、AP_4 的信号，共采集 10 次。在采集过程中，因受到遮蔽等因素的影响，采集到的部分 RSS 信号会衰减，超出正常信号变化范围，对定位效果产生不利的影响。为了让 RSS 指纹数据在建库过程中保持良好的鲁棒性和可靠性，需要摒弃这些衰减严重的信号并再次采集，以获取可靠的数据。数据采集后，可以通过建立数据库存储数据，不过这些数据是相对独立的，需要进行均值、插值等处理，最后建立比较合理的 RSS 数据库。

5）离线阶段 RSS 数据建库数据处理

数据库建立过程一般都需要经历六个阶段，即区域划分、数据采集、数据整理、数据处理、得到信号强度变化范围、生成特征数据库。其中生成特征数据库前需要对每个 AP 的 RSS 信号进行筛选，选择相对稳定并且波动相对小的 RSS 建立特征数据库，并删除部分无效数据，其目的是提高特征数据库的可靠性和稳定性。数据处理常用到以下几种方法，根据需要可以合理选择。

（1）坐标值均值法

在利用 WiFi 信号进行室内定位的过程中，移动的目标物体会位于某一组坐标点，但是这个坐标位置数据与实测数据会有一定的差距，需进行滤波处理，把对定位没有贡献的信号滤出。其中最简单的处理方式是采用均值法，将第 k 次定位结果与第 $k-1$ 次经滤波后的定位结果通过式 $\hat{X}_k = \dfrac{X_k + \hat{X}_{k-1}}{2}$ 进行计算，可得到第 k 次滤波后的定位结果，其中 $\hat{X}_{k-1}$ 为第 $k-1$ 次滤波后的坐标结果，X_k 为 k 组坐标值。

（2）朴素贝叶斯法

首先将需要定位的区域网格化，其次采集定位信号 RSS 的样本值，最后对每个采样点的样本利用概率分布表征 RSS 信号在当前参考点的特征。比如用正态分布表征室内环境的位置指纹，建立起基于 RSS 均值、方差、坐标等信息的 RSS 指纹数据库。

根据实验环境和定位需要，设定共采集 l 个位置指纹 RSS 数据，位置指纹对应的空间坐标表示为 $(L_1, L_2, L_3, \cdots, L_n)$，来自 AP 信号的 RSS 向量表示为 $RSS = (RSS_1, RSS_2, RSS_3, \cdots, RSS_n)$，则待定位的智能机器人对应的位置指纹概率可以表示为 $P(L_i/S)$。再对用户是否在用户信号强度 RSS 所属区域进行类聚，并以簇 C_k 表征；智能机器人所处位置出现在簇中的可能性为 $P(L_i/S)$，$i \in C_k$。定位目标所在位置的概率表示如下：

$$p(L_i/RSS) = \frac{p(RSS/L_i) \cdot p(L_i)}{p(RSS)} = \frac{p(RSS/L_i) \cdot p(L_i)}{\sum_{k \in L} p(RSS/L_k) \cdot p(L_k)} \tag{3-18}$$

式中，$p(L_i)$ 为对应位置指纹的概率，$p(RSS/L_i)$ 为接收信号强度 RSS 在已知位置出现的概率。

由于定位区域布局有一定量的 AP，并且各个 AP 信号之间是相互独立的，并没有相关性，则 $p(RSS/L_i)$ 可表示为式（3-19）。

$$p(RSS/L_i) = p(RSS_1/L_i) p(RSS_2/L_i) p(RSS_3/L_i) \cdots p(RSS_n/L_i) \tag{3-19}$$

式中，$p(RSS_k/L_i)$ 表示第 k 个 RSS 对应的位置条件概率。当然，若利用高斯概率分布也很合理，$p(RSS_k/L_i)$ 表示为式（3-20）。

$$p(RSS/L_i) = \frac{1}{\sqrt{2\pi} \cdot \delta} \exp\left[-\frac{(RSS - \mu)}{2\delta^2}\right] \tag{3-20}$$

式中，μ 为 RSS 的均值，δ 为 RSS 的标准偏差。为了能够确定目标物体的位置，可通过最大后验概率来估计目标物体的坐标位置，表示为式（3-21）。

$$L = \max_{L_i} p(L_i / RSS) \tag{3-21}$$

（3）数据内插的离线建库技术

在数据采集过程中，需要在大量的栅格位置进行数据采集，这无疑会增加劳动成本和工作量，为了降低工作量和成本，采用数据内插方式是一种可行的方案。

在插值法中，泛克里金插值法在室内定位中有很好的应用，可以用在廊道和学术讨论厅等区域，如图 3-28 所示。

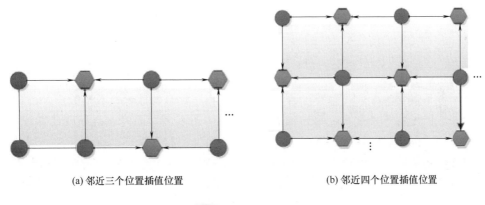

(a) 邻近三个位置插值位置　　　　　　　　(b) 邻近四个位置插值位置

图 3-28　插值位置示意图

图中圆形代表实际测量位置，六边形代表需要进行插值的位置点。通过上述插值方法，对数据采集的位置可以实现跳点测量，极大地降低了劳动强度，减少了近一半的测量工作量。

（4）数据过滤法

数据采集过程中避免不了会受到各种环境因素的影响，导致一部分数据存在极大的不合理性，比如数据采集时无线信号被遮挡，电磁环境发生突变（比如雷电、阴雨，日光灯或多个邻频或同频的无线设备在有限的空间同时工作），导致采集到的实测数据与理论数据严重不吻合。为获取可信的数据，可采用数据过滤法来解决这种数据突变问题，把异常值滤除掉，留下比较合理的数据，对合理数据进行处理后建库，这样数据库的可信度会有很大的提高，对后期的智能机器人实时定位提供了高精度保障。

（5）后矫正法

后矫正法是通过定位算法推算出目标物体的当前坐标，依据上一次确定的位置对当前坐标进行一次判断，通过前后两次坐标位置比较，判断当前位置坐标是否合理，若不合理，则需要重新进行定位矫正。例如实际测量过程中，某次测得的 RSS 信号很弱，但前面测量到的 RSS 信号很强，后面测量到的 RSS 信号也比较强，自然中间这个测量数据就要被摒弃，重新进行测量，这是一种前后混合矫正的方法，比后矫正方法具有更好的效果，但是需要进行更多的数据比较，增加了一定的运算量。

（6）粒子滤波

该滤波方法是对粒子的信任度赋予不同的权重，其原则是信任度高的粒子，可以对其进行比较高的赋值，而可信度相对低的，其权重就会小一点。一般地，通过权重分析，会发现权重高的与定位目标物体所在位置基本接近，权重低的距离目标物体就相对远一点。粒子滤波基本思想是利用在特定区域采集到的样本值（也称为粒子）来表示系统的后验概率分布，并利用这一近似表征估计非线性系统的状态。

粒子滤波步骤如下：

- 初始状态：采用大量的粒子（样本）模拟 $X(t)$，设定粒子在空间中为均匀分布；
- 预测阶段：依据状态转移方程，每一个粒子可以获得一个对应的预测粒子；
- 校正阶段：对预测的粒子进行评价，对越接近真实状态的粒子赋值越大；
- 重新采样：对粒子权重进行筛选，保留大量的权重大的粒子，同时也保留部分权重小的粒子。

粒子滤波在室内定位中也有一定的局限性：

- 对存储空间要求高：因为粒子滤波算法中，每一个粒子都具备一个完整的地图信息，若在定位中需要更高的定位精度，必须存储大量的粒子，从而会消耗大量的空间，大规模的场景地图构建就受到存储空间的限制；
- 粒子数目量化难度大：该算法的效果取决于粒子数目的数量，粒子数量大，算法效果就相对较好，但是粒子量过大，则导致存储空间的占用过高，同时也会导致计算效率降低，若粒子量过小，则会出现粒子枯竭问题，无法评估系统的状态；
- 缺乏闭环机制：粒子滤波在小环境中具有不错的效果，但是在大场景中构建场景地图时，会出现比较大的估计偏差，难以实现很好的闭环修正效果。

3.6　WiFi 指纹室内多场景定位实现

智能机器人定位实现是在工程技术研究中心多个场景进行的，无障碍细长场景典型代表有廊道，宽敞又极少障碍物的场景典型代表有学术讨论厅，宽敞但有极多障碍物的场景典型代表有 $301^{\#}$。

3.6.1　无障碍细长场景定位

1）场景概述

无障碍细长场景在室内室外都比较常见，例如室外街道两侧的人行道，河道两侧的步道，室内同一楼层的公共走廊，双排学生宿舍中间的楼道，教学楼内的廊道等。这种场景相对细长，并且一般没有障碍物，当有人员活动时会对无线信号产生一定的遮挡。

根据智能机器人在人员伴随和考勤服务中的需要，实验选择的无障碍细长场景主要代表为工程中心三楼的廊道，该廊道为 302 室的门口到学术讨论厅电梯口这一段，廊道中部外侧有 $301^{\#}$ 和阳台、玻璃窗户。在这段地面上铺设有 $60cm \times 60cm$ 的瓷砖。为了获取有效的 WiFi 无线覆盖信号，本实验利用软件的选择功能，筛选出事先布局好的 360mini 路由器定位信号，并对 SSID 进行重新编号，分别为 AP_1、AP_2、AP_3 和 AP_4。通过 SSID 过滤功能，只保留 AP_1、AP_2、AP_3 和 AP_4 进入到信号采集的软件界面。

在利用 RSS 信号特征进行定位过程中，若信号主要是受到稳定的环境因素影响，比如墙体、楼道、电梯等，可根据固定 AP 位置和特定的环境因素建立起不同环境下 RSS 信号的指纹特征，并根据特征变化情况，结合定位算法，实现离线的建库和在线的实时定位。

2）场景布局

这里利用廊道和学术讨论厅的区域对智能机器人进行无线指纹定位研究，结合本书提及的算法，对移动目标进行定位和导航，引导智能机器人到指定的位置提供相关的服务。以 AP_2 所在位置为坐标原点构建坐标系，并构建 1m 指纹间隔，贴上地面标签，并进行编号，如图 3-29 所示，学术讨论厅布局如图 3-30 所示。

图 3-29　廊道结构及地面标签布局图

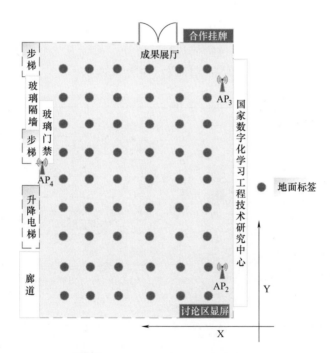

图 3-30　学术讨论厅结构及地面标签布局图

3）离线训练

在廊道和学术讨论厅构建好指纹地图后，在实验场所布置一台智能机器人平台，并在平台上放置用于 RSS 数据采集的笔记本电脑，通过事先安装好的软件，开始进行 RSS 数据采集。数据采集过程中，我们把智能机器人移动到每一个标签点正上方并停留，之后每隔 5s 进行一次采样，如此进行 10 次，并通过机器记录和人工记录两种方式同时记录 AP_1、AP_2、AP_3 和 AP_4 的 RSS 数据。

数据采样过程中，RSS 数据会受到环境或人为因素的影响，导致采集到的 RSS 信号不一定全部满足建库需要，有的 RSS 信号会因为被人遮挡或者瞬时外界因素（闪电、电磁信号等）影响发生严重的畸变，在人工观察记录过程中需及时舍弃这些数据，并再进行有效的采集，保证每一个采样点能够采集到 10 次 RSS 有效数据，便于后期数据库建库的处理。

4）建库

建库过程中，数据需要进行处理。在对异常值过滤后，优先考虑利用均值法对 RSS 信号进行均值处理，均值法如式（3-22）所示：

$$\bar{r_i} = \frac{1}{N}\sum_{i=1}^{N} r_i \tag{3-22}$$

数据库中 RSS 数据与指纹坐标进行关联存储，便于实时定位时利用相关算法实时匹配，定位出目标物体的位置，实现离线训练和在线定位的处理。

5）实时定位

在定位过程中，由于指纹数据库的数据量大，若对每一个指纹点都进行定位分析是不现实的。为了能对定位效果进行分析，在场景中选择部分指纹点作为参考位置，通过部分指纹点的 RSS 指纹库数据与实时采集到的 RSS 数据进行匹配来定位目标物体的大概位置。

6）算法流程

这里选用的无线指纹定位算法以 WiFi 覆盖环境下的通信终端设备采集到的接收信号强度 RSS 为信号特征，区别于信号相位特征和频谱特征。基于 RSS 的无线指纹定位算法流程通常可分为两个阶段，即离线阶段和在线阶段，如图 3-31 所示。

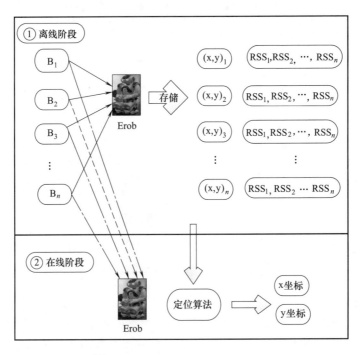

图 3-31　基于 RSS 的无线指纹定位算法流程

离线阶段为无线指纹定位的第一个阶段，主要是在实验环境中使智能机器人在不同的位置采集 RSS 信号特征，并对 RSS 数据按照定位需要进行一定的算法处理，再把有效的 RSS 数据存储到相关的数据库中，以便后期实时定位时匹配调用。

离线阶段主要有以下几个步骤：

第一步，在跟踪定位区域分配信标节点 B_1，B_2，B_3，$\cdots$，B_n；

第二步，根据定位区域的情况和定位精度需求，把跟踪定位区域划分为许多网格（指纹），并且在跟踪定位区域使用指纹点作为参考点 $(x,y)_1$、$(x,y)_2$、$(x,y)_3$、$\cdots$、$(x,y)_n$；

第三步，从信标点获取每个参考点（采样点）中的每一个 AP 的 RSS 值，并用相应的定位坐标把 RSS 存储到特定的指纹数据库中。

在线阶段，即无线指纹定位的第二阶段。智能机器人从它所处区域内的不同信标节点采集到若干 RSS 值并把它们发送给服务器。服务器应用在线搜索匹配算法去估算智能机器人所处的大概位置。

由于很多室内环境都安装了地砖，其尺寸基本上是恒定规格（0.6m×0.6m、0.8m×0.8m、1.0m×1.0m 等），我们可以对廊道或学术讨论厅的地砖分配信标节点，地砖就成了天然的网格，可以根据研究需要进行标注。

在线阶段主要有以下几个步骤：

第一步，机器人进入定位服务区域，然后在每个信标节点采集特定 AP 的 RSS 值；

第二步，把采集到的特定 AP 的 RSS 值与数据库中存储的 RSS 值进行匹配；

第三步，在数据库中检索最接近的 RSS 值的位置，则该位置为目标物体的大概位置。

兼顾离线阶段数据库的数据采集工作量及指纹数据库建库等多方面因素，对于学术讨论厅这类大型的定位区域，每个网格的大小应合理，定位精度有一定的偏差，但应在可接受的范围内。若在教室这类较小环境里，网格间距可以适当减小。只要室内设备布局合理，通过多种处理手段提高定位精度，微量的误差还是能够接受的。

7）数据分析处理

在数据进行均值后，AP_1、AP_2、AP_3、AP_4 在廊道各个采样点中（共 18 个网格）均值分别如下：

$AP_1 = [-26 \quad -27 \quad -26.3 \quad -32.75 \quad -27.75 \quad -28.5 \quad -32.25 \quad -41.5 \quad -33.75 \quad -29.5$ $-43 \quad -42.75 \quad -40 \quad -35.75 \quad -34 \quad -32 \quad -32.4 \quad -36.6]$

$AP_2 = [-43.3 \quad -39 \quad -42.3 \quad -49.5 \quad -41.75 \quad -42.5 \quad -43.25 \quad -45.75 \quad -45 \quad -48.5$ $-45.25 \quad -43.25 \quad -37.25 \quad -41.25 \quad -43.5 \quad -36.6 \quad -34 \quad -30.8]$

$AP_3 = [-59.7 \quad -69 \quad -55.3 \quad -62.25 \quad -57 \quad -61.5 \quad -55.5 \quad -55.75 \quad -54.75 \quad -53.75$ $-57.25 \quad -53 \quad -45.25 \quad -49.5 \quad -42.25 \quad -41.6 \quad -35 \quad -36]$

$AP_4 = [-62 \quad -61 \quad -58.3 \quad -62.75 \quad -60.5 \quad -59.75 \quad -55.25 \quad -59.25 \quad -56.75 \quad -58.75$ $-54.75 \quad -53 \quad -50.5 \quad -45.75 \quad -44 \quad -42.8 \quad -40 \quad -29.6]$

每一个采样点 RSS 数据在网格中的分布通过 MATLAB 处理，程序运行如图 3-32 所示，运算结果如图 3-33 所示。

8）效果分析

通过对室内廊道中 AP_1、AP_2、AP_3、AP_4 的 RSS 信号进行分析，从图 3-34 可以看出，当智能机器人由 AP_1 布局的位置向学术讨论厅的方向运动时，在每隔 1m 的指纹点上，信号受到各种不确定因素影响，但是整体趋势是随着远离 AP_1，RSS 信号强度逐渐减弱。在离开 AP_1 的同时，机器人也在开始向 AP_2 靠近，RSS 信号强度整体趋势也逐渐增强。AP_3 和 AP_4 的 RSS 信号变化趋势整体良好，呈良好的线性并逐渐递增，其原因主要是在通过墙体滤波后，其他干扰的影响基本上可以被忽略了。

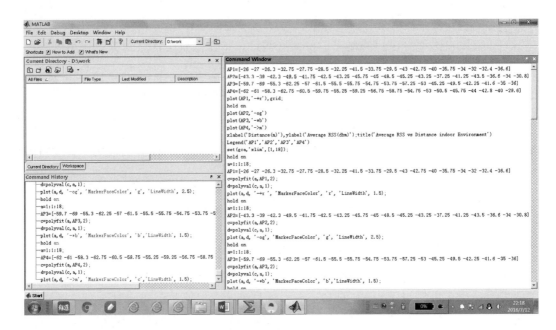

图 3-32　主程序显示

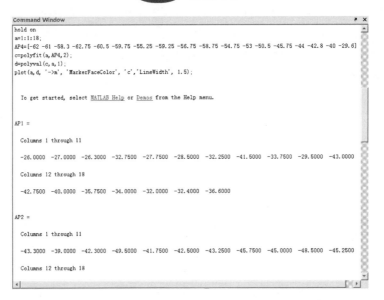

图 3-33　程序运算结果（部分截图）

　　离线阶段的训练需要比较可靠、相对稳定的数据，为后期在线阶段的实时定位提供高精度保障。在图 3-34 中，我们对 RSS 信号进行了 $p = \text{polyfit}(x, y, m)$ 多项式曲线拟合平滑处理。其中 x，y 为已知数据点向量，分别表示横、纵坐标，m 为拟合多项式的次数，结果返回 m 次拟合多项式系数，从高次方到低次方存放在向量 p 中。若设定 $y_8 = \text{polyval}(p, x_8)$，可求得多项式在 x_8 处的值 y_8，找到比较合适的曲线特征，为数据的可靠性和有效性提供了保障。通过多项式拟合处理后的数据，比较适合在定位的离线阶段训练中用于建立数据库，这些数据比较能够体现移动目标物体相对稳定的位置。

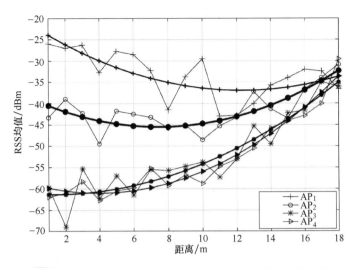

图 3-34　廊道中 AP_1、　AP_2、　AP_3、　AP_4 的 RSS 与距离关系表征

3.6.2　宽敞而有极少障碍物的场景定位

1）场景概述

在室内环境中，宽敞而有极少障碍物的场景有很多，比如展厅、学术讨论厅等。这里以学术讨论厅为典型代表进行相关实验。若要智能机器人与服务对象进行交互，就需对智能机器人进行位置确定。在学术讨论厅中，依托 4 个 360mini 路由器进行定位，智能机器人还是本小组研发的具备一定教育功能的机器人平台。

2）场景布局

学术讨论厅长 9m、宽 6m，地面铺设的瓷砖和廊道的瓷砖是一样的。为了能和廊道有相同的指纹结构，在讨论厅中也设置了 1m 的指纹栅格，结构如图 3-30 所示。

3）离线训练

学术讨论厅和廊道离线训练采用同样的方法，在同一天、同样条件下获取学术讨论厅实验场景下的 RSS 数据。

4）建库

根据采集到的 4 个无线路由器的 RSS 数据，建立各个采样点的均值数据库，建库的方法和廊道建库方法相同。

5）实时定位

采用同样的算法流程，智能机器人在活动场景中的特定参考点进行采集，通过实时采集到的 RSS 数据与数据库中的 RSS 数据进行匹配，获取智能机器人所在的位置，达到实时定位的目的。

6）算法流程

算法流程与廊道定位的算法流程一样，也是由离线训练和在线实时定位这两个阶段构成，具体流程参考廊道定位的算法流程。

7）数据分析处理

在学术讨论厅定位区域，我们把空间栅格布局为横向 6 排栅格，从左侧下边缘顶点（1，

Y1）采样点开始向 Y 轴（1，Y7）方向布局采样点，可布局 7 个采样点。纵向空间栅格共有 9 列栅格，若从左侧下边缘顶点（1，Y1）开始向 X 轴（10，Y1）方向布局采样点，可以布局 10 个采样点。通过对指纹空间中进行采样点布局，可以布局 7×10＝70 个采样点，如图 3-35 所示。

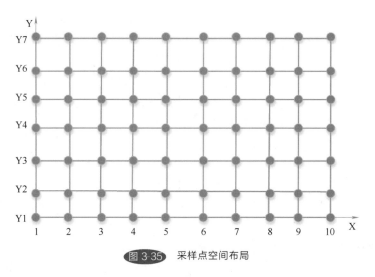

图 3-35　采样点空间布局

采样时需要对每一个采样点采集 10 次数据，每一次采集包括 4 个 AP（AP_1、AP_2、AP_3、AP_4）的 RSS 数据。最后在每一个参考点分别对 AP_1、AP_2、AP_3、AP_4 进行均值处理，最后得到单个 AP 在空间栅格中每个采样点的 RSS 指纹数据库，该数据库可为后期的智能机器人实时定位提供比较合理的指纹数据。

在对 AP_1 的 RSS 信号进行采集、处理和数据分析后，我们把空间栅格在 Y 轴上分为 7 排间隔为 1m 的网格，X 轴分为 9 列栅格，每个栅格采集数据为 10 次，每一次分别对 AP_1、AP_2、AP_3、AP_4 的 RSS 进行采集，其中 AP_1 的 RSS 信号特征如图 3-36 所示。

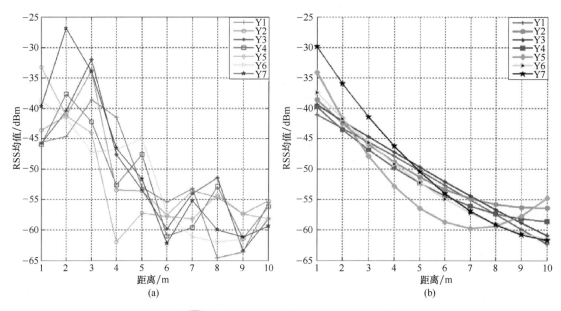

图 3-36　AP_1 在指纹栅格中的 RSS 信号特征

在图 3-36 的左边缘，信号强度相对弱一些，主要是受到电磁波瓣（电磁波在天线下面信号并不是最强的）特征影响，在电波拉远方向，电波信号强度开始比较弱，之后逐渐增强，达到最强后，随距离增加，信号又变弱。无线电波传输特性如图 3-37 所示。

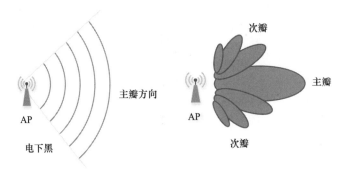

图 3-37　无线电波传输特性

对于 AP_2 的空间网格 RSS 信号的变化，我们不难发现 RSS 信号在 AP_2 起点处也较强，在纵轴 2 和 3 处达到最强，之后随着距离的增加，信号逐渐减弱，符合电磁波信号传输的波瓣特性，同样也具备信号传输衰减特性，但信号变化相对稳定，如图 3-38 所示。

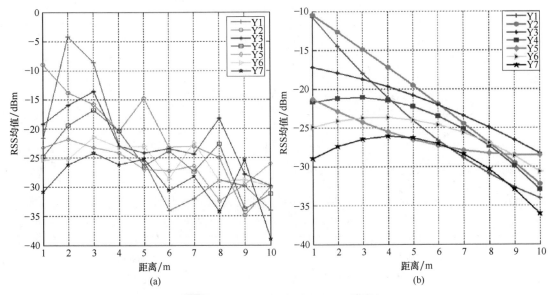

图 3-38　AP_2 在指纹栅格中的 RSS 信号特征

AP_3 距 RSS 信号采集起点 AP_2 比较远，处于右侧（X 轴）方向，我们从 Y1 到 Y7 进行 RSS 数据采集，建库后，通过 MATLAB 处理，发现 RSS 信号随距离 AP_3 越来越近，呈现逐渐增强趋势。其中 Y7 变化差异大，主要是受到楼道步梯的玻璃和门禁玻璃对信号的反射影响，导致信号瞬时增强，如图 3-39 所示。

AP_4 布局在学术讨论厅的纵轴 5 和 6 之间，通过对 RSS 信号分析发现，Y7 在网格 4～6 间是最强的，Y6 信号也很好地体现了 RSS 特性，与 Y7 基本一致。在承重柱后面的 Y1～Y5 受到承重柱的遮挡，导致信号发生明显衰减，如图 3-40 所示。

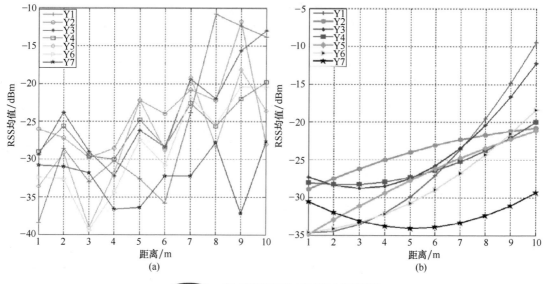

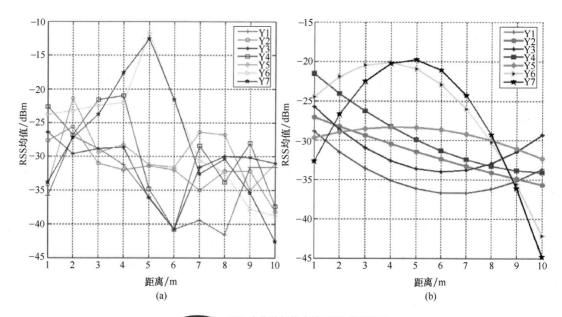

图 3-39　AP₃ 在指纹栅格中的 RSS 信号特征

图 3-40　AP₄ 在指纹栅格中的 RSS 信号特征

8）效果分析及结论

在数据处理过程中我们发现，在 AP₁、AP₂ 和 AP₃ 无线 WiFi 指纹定位过程中，信号源在没有受到严重遮挡的情况下，能很好地应用于指纹定位，能够表征信号在室内环境中的传播特点。但是 AP₄ 布局在承重柱后面，除了 Y7 和 Y6 信号比较稳定外，Y5 至 Y1 信号受到的影响较为严重，所以 AP₄ 在定位中的贡献可以忽略不计，或者说在定位中对整个定位系统构成了干扰。所以我们在定位过程中，应充分考虑指纹特征和电波传输特性，根据需要选择合适的定位信号源。

9）系统改进

由于信号在传输过程中避免不了受到各种外界因素的影响，导致基于定位的无线信号在不同地方对定位的贡献力不一致，并不是所有的无线信号都可以用于定位。在学术讨论厅场景中，AP_4 对定位的贡献不大，或者说对定位造成了一定的干扰，为了能够实现室内环境的移动智能机器人定位，需要至少有 3 个或更多的 AP 对移动目标进行位置确定。这里我们采用了事先布局的无线路由器 AP_1、AP_2 和 AP_3 对学术讨论厅中的移动目标物体进行定位，同时通过软件过滤功能去除其他不相关的无线路由信号。在对 AP_1、AP_2 和 AP_3 的 RSS 信号进行采集、过滤、均值处理后，对这 3 个无线路由器在指纹空间中的各排栅格（Y1，Y2，Y3，Y4，Y5，Y6，Y7）中的贡献力进行分析处理；在 Y1～Y7 的栅格中，分别对 AP_1、AP_2 和 AP_3 进行 MATLAB 软件分析，发现 RSS 信号变化有很强的规律性，通过平滑处理后，曲线在各个栅格处的 RSS 数据变得合理了许多，这样可以提高定位精度。

根据图 3-35，在栅格的采样点空间布局结构中，横轴通过 Y1、Y2、Y3、Y4、Y5、Y6、Y7 来表征，轴间隔为 1m。我们把横轴坐标（Y1，Y2，Y3，Y4，Y5，Y6，Y7）中的每个网格与定位中贡献比较大的 AP_1、AP_2、AP_3 进行对应分析。

（1）横轴 Y1-（AP_1，AP_2，AP_3）

在横轴 Y1 上，学术讨论厅中位置靠近 AP_2 和 AP_3 一侧的墙面，可以参考学术讨论厅结构及地面标签布局图（图 3-30），AP_1 距离学术讨论厅最远，达到 18m。在定位中需要对 3 个 AP 对横向 Y1 的每个栅格贡献力进行分析，同时也需要对纵向距离轴进行联合分析。通过对图 3-41（a）原始数据的平滑处理，得到图 3-41（b）效果，信号稳定性有很大的改善，在定位的指纹数据库选择和确定中，可以借鉴平滑处理后的数据，利用平滑处理后的数据可以极大降低数据受到干扰后的不稳定性，提高数据库的可靠性和鲁棒性。

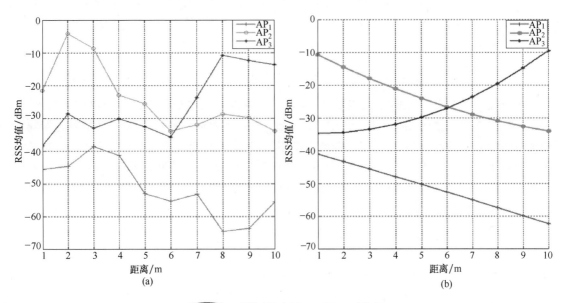

图 3-41 横轴 Y1-（AP_1，AP_2，AP_3）

（2）横轴 Y2-（AP_1，AP_2，AP_3）

在距离 AP_2、AP_3 墙面 1m 的横轴 Y2 上，AP_2、AP_3 信号在栅格中的变化相对比较稳定，只是在纵轴 9 处发生了较大的变化，该位置距离 AP_3 最近，信号达到最强，AP_2 距离基本上最远，信号也变得较弱，当然也可能受到外界因素的影响，信号发生瞬时不稳定变化，之后就趋于平稳。在对图 3-42（a）进行平滑处理后，信号整体是很稳定的。AP₁ 纵轴 1 到 3 处信号比较好，是因为中间没有被遮挡，在到达纵轴 4 后，信号趋于稳定，信号受到学术讨论厅墙体的遮挡，类似被滤波了，信号很平稳。

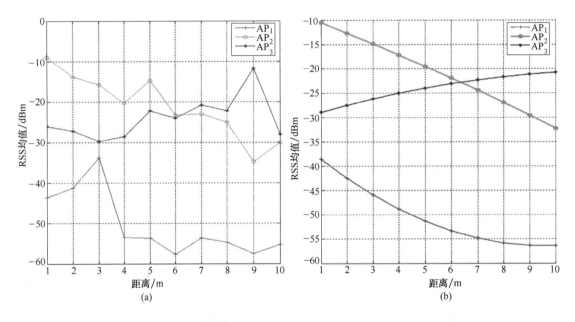

图 3-42　横轴 Y2-（AP₁，AP₂，AP₃）

在对横轴 Y2 网格进行数据库建立时，可以借助于平滑处理后的数据进行建库，这样数据的稳定性也可以得到保障，如图 3-42（b）所示。定位过程中可以根据 3 个 AP 在 Y2 轴上的贡献进行联合定位，获取更好的定位效果。

（3）横轴 Y3-（AP₁，AP₂，AP₃）

在图 3-43（a）的横轴 Y3 上，AP₂ 和 AP₃ 信号变化平稳，在距离 AP₂ 比较近的地方，信号比较强，随着距离的增加，RSS 信号强度呈现逐渐减弱趋势。而随着距离的逐渐缩减，AP₃ 的 RSS 信号逐渐增强，AP₂ 和 AP₃ 信号在 Y3 轴上整体平稳，符合 RSS 信号随距离的增加而逐渐衰减特性。AP₁ 和 AP₂ 特性差不多，只是 RSS 信号在纵轴 4、5 和 6 上持续衰弱，但整体信号具有良好的稳定性。平滑处理后效果比较理想，如图 3-43（b）所示。在定位系统中进行数据库调整，可以参考平滑处理后的数据，并通过联合数据进行建库，为在线定位提供可靠的 RSS 指纹库。

（4）横轴 Y4-（AP₁，AP₂，AP₃）

图 3-44（a）中，在横轴 Y4 上，AP₃ 信号最为稳定，整体上保持 RSS 信号随距离增加逐渐增强趋势，AP₂ 信号在纵轴 3 上达到最强值，智能机器人距离 AP₂ 最近时信号质量最好，随着距离的逐渐拉远，信号呈现逐渐减弱趋势，并在纵轴 9 处出现较大的变化。AP₁ 在廊道入口正对的纵轴 2 上信号最强，这里没有其他遮蔽物，受到墙体的遮挡后信号随距离的逐渐增加开始逐渐减弱。通过数据有效平滑处理，得到图 3-44（b）效果，数据具有很好的可信度，并保持了比较平滑的变化趋势，尤其是 AP₂ 和 AP₃ 的 RSS 信号具有很好的对称性，在定位过程中，通过 3 个 AP 的平滑处理后的数据库进行联合指纹相似度匹配，获取理

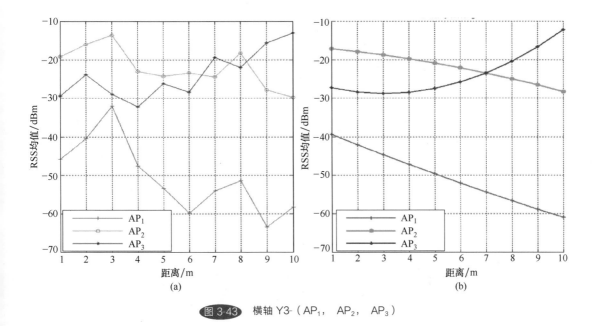

图 3-43　横轴 Y3-（AP$_1$，AP$_2$，AP$_3$）

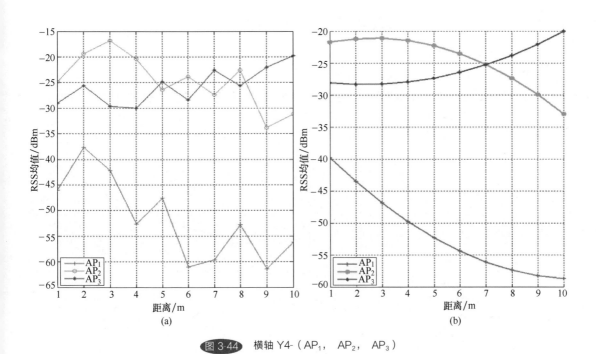

图 3-44　横轴 Y4-（AP$_1$，AP$_2$，AP$_3$）

想的定位效果。

（5）横轴 Y5-（AP$_1$，AP$_2$，AP$_3$）

在图 3-45（a）中我们观察发现 AP$_2$ 和 AP$_3$ 信号整体变化比较平稳，只是在纵轴 3 处 AP$_3$ 发生较大的衰减，由于数据测量过程中会经常有人员活动，信号会出现瞬间减弱。在图 3-45（a）中 AP$_2$ 信号保持比较平稳的变化，随距离的增加逐渐衰减；AP$_3$ 信号随着距离越近，呈现逐渐增强趋势。AP$_1$ 信号变化尤其明显，从纵轴 1 到 4 上信号急剧下降，最主要的原因是受到廊道的墙体和学术讨论厅的墙体双重遮蔽，衰减严重，在纵轴 5 后趋于稳定，基本保持一条线。在建立指纹数据库中，可以利用信号变化情况，对 AP_1 信号在纵轴 5 处将 $-60\sim-55$ 区间采样点进行部分均值，这样信号可信度会有很大改善，避免了图 3-45（b）中 AP_1 的不真实数据变化。

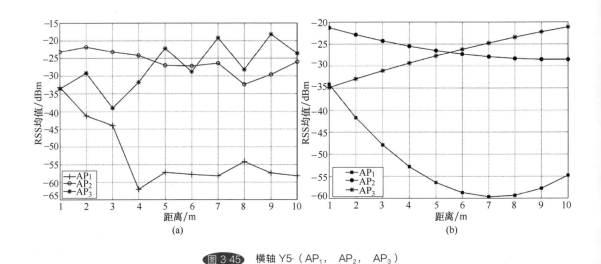

图 3-45　横轴 Y5-（AP_1，AP_2，AP_3）

（6）横轴 Y6-（AP_1，AP_2，AP_3）

横轴 Y6 比较靠近学术讨论厅的步梯入口，相对于 AP_2 和 AP_3 有一定的距离，信号在纵轴 3 处有显著的变化，其他整体变化趋势平稳；AP_1 信号在没有遮挡的廊道入口处变化

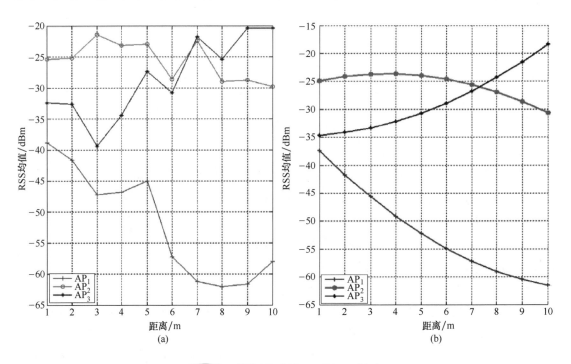

图 3-46　横轴 Y6-（AP_1，AP_2，AP_3）

特征和 AP_2 基本一致，从纵轴 3 开始出现了明显的减弱，同样也是因受到墙体的遮挡，加快了信号的衰落，如图 3-46（a）所示。在图 3-46（b）中，在平滑处理后，信号有很好的线性，可以利用处理后的数据建立离线指纹库，增强采集信号的可用性，提供可信的 RSS 数据库。

（7）横轴 Y7-（AP_1，AP_2，AP_3）

Y7 在学术讨论厅靠近步梯入口处，并与墙面保持平行，为距离 AP_2 和 AP_3 最远的一条网格线。步梯入口门禁玻璃门的存在对信号变化有一定的影响，但是也保持了很好的信号特征，由于距离 AP_2 和 AP_3 比较远，信号衰减不明显。AP_1 在纵轴 2 处信号质量最好，在廊道入口处没有遮挡，随着智能机器人向右移动，受到墙体的遮挡，信号呈现急剧下降趋势，如图 3-47（a）所示。经过平滑处理后的数据可以作为指纹数据库的参考数据，通过无线路由器组合定位方式，建立起不同网格下的有效指纹数据库，如图 3-47（b）所示。

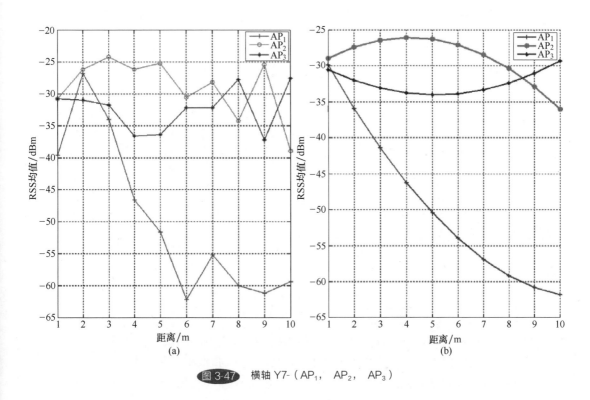

图 3-47　横轴 Y7-（AP_1，AP_2，AP_3）

3.6.3　宽敞但有极多障碍物的场景定位

1）采样均值三角形定位法

宽敞但有极多障碍物的场景典型代表如 301#，其实验场景布局如图 3-21 所示。考虑到实验场景主要包括小型会议室和教室，定位实验主要放在教室的教学区进行。在对智能机器人定位过程中，采用了多种无线网络融合方式进行定位，这里主要讨论利用 WiFi 信号定位智能机器人。根据定位需要，在实验场景中布局了 3 个 AP，分别命名为 AP_1、AP_2 和 AP_3。AP_3 布局在进门处的中廊道距离地面 2m 的地方。AP_1 和 AP_2 布局在讲台后的投影区域两侧，与 AP_3 在同一高度，以等腰三角形结构进行布局。在建立数据库过程中，主要是基于 3 个廊道区域建立指纹库，并随机采集 RSS 信息，之后进行联合定位，最终发现目标物体的位置。

由于在室内环境中有很多课桌椅，廊道也比较狭窄，左右间距 1m，所以在建立指纹时，在每一个廊道中只建立一排间距为 1m 的网格，并在教室里的三个廊道建立了三列指纹栅格，分别命名为左廊道、中廊道和右廊道，其中左廊道靠窗，右廊道靠门，中廊道正对投影区。

（1）左廊道 RSS 数据表征

观察图 3-48（a）发现，RSS 信号受到多种因素的影响，产生一定的跳变，AP_1、AP_2 整体趋势是随距离减少，RSS 信号逐渐增强；AP_3 有很好的信号特征；目标物体距 AP_1 和 AP_2 越近，则距 AP_3 越远，左廊道上的 AP_3 的 RSS 信号呈现良好的变化趋势。实验中使用的是自主研发的智能机器人平台，该平台比较矮，不及桌椅的一半高，因此利用平台采集 RSS 信号过程中避免不了会受到课桌椅的遮挡，导致 RSS 信号出现起伏不定的变化。为了获取较真实场景的 RSS 信号特征，建立稳定的无线指纹数据库，我们采用了平滑处理，获取了比较理想的 RSS 信号特征数据，如图 3-48（b）所示。

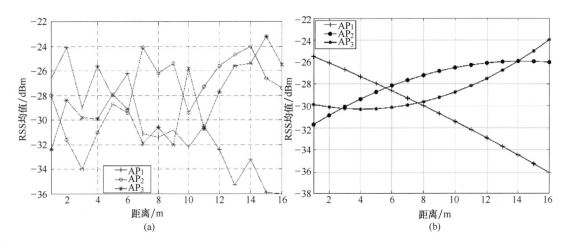

图 3-48　左廊道 AP_1、 AP_2、 AP3 的 RSS 数据表征

在 3-48（b）中，AP_1 和 AP_2 的 RSS 信号能满足定位需求，AP_3 的 RSS 信号变化是比较理想的，随距离的增加，衰减很有规律性。若要对 RSS 指纹信号定位分析，需要对 AP_1、AP_2 和 AP_3 在左廊道的贡献进行分析，进行数据联合处理，利用 3 个 AP 在同一位置（网格采样点）的实时 RSS 数据与指纹库中的 RSS 数据进行相似度最大化匹配，最后确定智能机器人的初步位置。

（2）中廊道 RSS 数据表征

考虑到每一个 AP 的 RSS 信号在定位中的贡献力不一样，室内定位实验中没有刻意去调节每一个 AP 的各项性能参数，主要关注的是不同 AP 在场景中各自的表现力；当智能机器人在场景中移动时，根据指纹空间的网格中不同 AP 的 RSS 信号与指纹数据库中的 RSS 信号进行匹配，找到最接近的 RSS 值，根据数据库中 RSS 对应的位置情况，就可以确定智能机器人的位置。

图 3-49（a）中信号变化幅度在合理的范围内，没有明显的突发性跳变，但有小幅的扰动，整体变化趋势可控。通过图 3-49（b）平滑处理，可以获得很好的线性特性；AP_1 和

AP_2 还有一定的对称性，不过是空间发生了平移，AP_3 与 AP_1 及 AP_2 也具备一定的对称关联性。在定位过程中可以根据这三个 AP 在同一纵轴上的 RSS 信号情况，对处在同一栅格采样点的移动目标进行联合评估，实现 RSS 信号匹配。

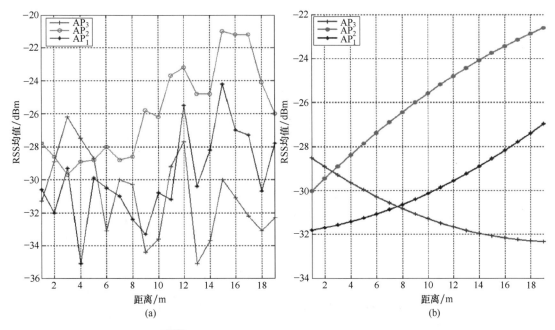

图 3-49　中廊道 AP_1、AP_2、AP_3 的 RSS 数据表征

（3）右廊道 RSS 数据表征

右廊道信号变化复杂，受到右侧墙面的电子屏幕信号、照明灯、墙面吸收及反射的影响，信号变化有很大的不确定性。通过图 3-50（b）的平滑处理后，AP_1 和 AP_2 在覆盖区域的 RSS 信号特征还是可以接受的，具有一定的参考价值。AP_3 在平滑处理后信号变化就出现了异常，在不同横坐标上有一定量的相同值，这给最终定位的位置判决带来了困扰，其原因是平滑处理前对网格中部分突变信号没有进行前期处理，导致了不合理的跳变，在平滑处理时突变信号没有被剔除或者有效改善，出现图 3-50（b）曲线这种情况。

2）改进的三角形定位法

在 $301^{\#}$ 的定位中，发现采用传统的定位方法已经不能很好地解决信号受到外界因素影响的特殊情况，为了能更好地对智能机器人在复杂室内环境下进行定位，我们采用了均值叠加联合建库定位法，首先将左廊道 AP_1 的 RSS 信号均值和 AP_2 的 RSS 信号均值进行再均值，之后利用再均值后的有效数据为左廊道的指纹数据库，最后关联 AP_1 的 RSS 均值信号进行联合建库。该算法同样适用于 AP_2/AP_3 与 RSS 均值信号关联，算法如图 3-51 所示。

定位过程中利用左廊道 AP_1 位置辅助判断智能机器人廊道所属，并利用 AP_1 的 RSS 信号均值进行修正，确定移动目标的最终位置所在。右廊道也采取同样方式对原来不太理想的环境进行修正。

（1）没有叠加前靠门 AP_2 和靠窗 AP_1 信号表征

在图 3-52（a）中，AP_2 信号在靠近纵轴 5 和 6 处有明显的衰减，在纵轴 14 处信号明显增强，在 15 处发生剧烈的衰减。影响信号突变的因素很多，尤其是在有玻璃、电子屏幕等

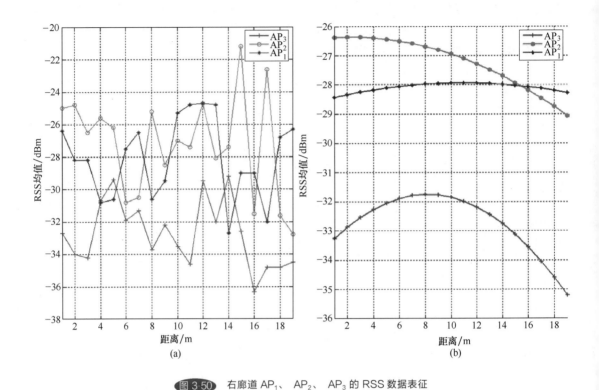

图 3-50　右廊道 AP₁、 AP₂、 AP₃ 的 RSS 数据表征

图 3-51　改进后的 WiFi 指纹定位算法流程图

反射条件存在的环境下，采样时会把干扰信号（反射信号）叠加进来，导致信号增强，而在人体或课桌椅的遮挡下，信号明显衰减。在图 3-52（b）中 AP₁ 信号也不是很稳定，在纵轴 2、5 和 10 处出现明显的增强，7、9 和 11 出现明显的衰弱，原因与图 3-52（a）中的基本一致，也是受到人为或环境等因素的影响。

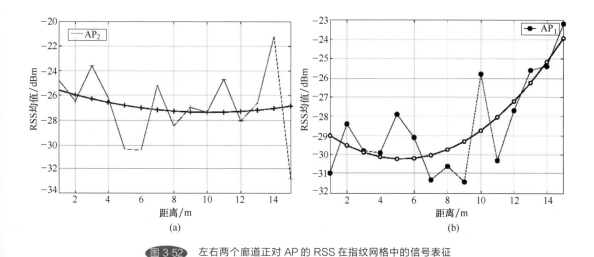

图 3-52　左右两个廊道正对 AP 的 RSS 在指纹网格中的信号表征

（2）叠加后靠窗（靠窗 AP_1 和廊道右 AP_2 均值）信号表征

由于 AP_1 和 AP_2 信号在室内环境中都受到了外界环境的干扰，导致信号传输过程中出现很多不稳定的因素，为了能够获得比较理想的指纹数据库，建立起稳定的信号结构体系，我们提出了一种新的思路进行改进，即通过 AP_1 和 AP_2 在廊道中的指纹数据库分别进行均值计算，并对均值后的数据进行平滑处理，如图 3-53（a）所示。

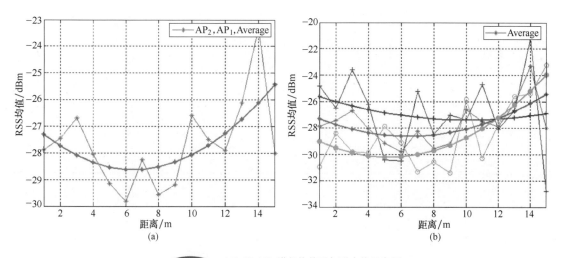

图 3-53　AP_1 和 AP_2 进行均值后与联合信号表征

以左廊道定位为例，当建立数据库时，在左廊道中同时保留了 AP_1、AP_2 和 Average（AP_1 与 AP_2 的均值）3 个指纹数据库，为了能够判断智能机器人是在哪个廊道上，我们可以借助于廊道正对的 AP 是什么编号，即让 AP_1 和 AP_2 的均值数据与廊道正对的 AP 对应的数据库进行关联，在左廊道上，可以利用左廊道正对的 AP 进行关联，在右廊道上，也可以利用右廊道正对的 AP 进行关联，这样就能够在数据库中建立起关联数据库，当智能机器人到达需要定位的目标区域后，利用实时采集到的数据，通过滤波处理选出 AP_1 和 AP_2 的数据，通过算法处理均值，联合 AP_1 或 AP_2 实时 RSS 数据进行数据库中的数据比对，找出最理想的匹配数据，再根据数据在指纹中的分布情况确定目标物体的位置，达到智能机器人定位的目的。

在对 AP_2 和 AP_1 进行均值后，通过平滑处理，可以看到信号变化相对稳定。在图 3-53 (b) 中，根据 AP_1 和 AP_2 的信号及平滑处理后的特征分析，均值后的 Average 有很好的线性特征。若在左或右廊道对智能机器人进行定位，我们可以充分利用 Average 和 $AP_1/AP_2/AP_3$ 的联合指纹库进行判断，先获取 Average 的 RSS 指纹数据信息，再判断 $AP_1/AP_2/AP_3$ 的归属性，在归属性确定的情况下，就可以知道智能机器人是在哪个 AP 正对的廊道上，并根据联合指纹库进行位置确定，实现定位的目标。

在 WiFi 指纹室内定位的实验中，在没有障碍物的廊道和学术讨论厅中，定位的效果是比较理想的，尤其是在廊道上，智能机器人活动场景宽度局限在宽 1.5m、长 18m 的一个长方形区域，实验中智能机器人在这狭长的路径上移动，在自身的红外避障传感器作用下，智能机器人左右偏移中心指纹标签在 0.5m 内。在长度为 18m 的条形廊道上，实验中我们随机地在廊道上选取了 5 个点进行定位精度测试，根据算法及仿真，得到了最高峰值为 1.23m 的精度。在学术讨论厅中的定位，通过纵向横向联合对指纹的分析处理，建立了比较合理的指纹数据库，在随机选取 10 个采样点的定位实验中，得到了 1.32m 的定位精度。在 $301^{\#}$ 的实验中，由于受到实验环境中的课桌椅和电子屏幕等影响，前期的 RSS 信号指纹库有比较大的不确定性，本书提出了左（AP_2）右（AP_1）RSS 指纹库互为迭代，利用廊道正对 AP 进行辅助定位决策，同时借助于智能机器人的避障传感器，降低了边沿误差，获得了理想的定位效果，定位精度达到了 0.83m。各项指标比较参考表 3-3。

表 3-3 性能指标比较

算法	稳定性	定位精度/m	定位范围	定位耗时	AP 布局
传统算法	低	1.58	遮挡少的宽场景	耗时长	正方形
Han 等的算法	较高	0.84	特定一般场景	耗时较长	等腰三角形
本书提出的联合定位法	较高	1.23	廊道	耗时短	直角三角形
	高	1.32	讨论厅	耗时较短	正三角形
	较低	0.83（左廊道）	教室内复杂场景	耗时较长	等腰三角形

第4章　智能机器人室内RFID指纹定位

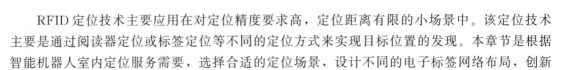
RFID 定位技术主要应用在对定位精度要求高，定位距离有限的小场景中。该定位技术主要是通过阅读器定位或标签定位等不同的定位方式来实现目标位置的发现。本章节是根据智能机器人室内定位服务需要，选择合适的定位场景，设计不同的电子标签网络布局，创新数据采集及处理方法，对算法设计及智能机器人定位效果进行验证。

4.1　RFID 定位基本原理

射频识别（RFID）技术是指在特定环境中利用阅读器和电子标签建立起一种双向无线通信的方式。RFID 通信系统具备通信设备之间在距离有限情况下采用非接触方式进行通信的能力，同时还具有系统设备体积小、系统代价低等优点，故在物联网、物流跟踪、仓库物件查询、超市商品识别、银行系统认证、门禁管理系统、个人身份识别及室内目标无线定位等领域都有广泛的应用。

由于 RFID 技术在定位应用中能够实现厘米级的定位精度，同时具有高保密、可多次重复使用、有一定的穿透能力等特性，所以在很多室内定位技术选择中，RFID 定位技术有极大的优势。RFID 定位系统主要由标签阅读器、电子标签和定位服务器构成。RFID 工作机理是通过标签阅读器向电子标签发射电磁信号，电子标签受到电磁感应后发出反馈电磁信号，电磁信号再被标签阅读器捕获、读取、识别，实现标签阅读器和电子标签的双向通信过程。

电子标签种类繁多，但大致可以分为两类，即无源电子标签和有源电子标签。其中无源电子标签本身不具备能量储备能力，工作时需要用阅读器辐射的 RF 功率进行激活；在局部室内定位中，基于无源电子标签的 RFID 低频定位系统有广泛的应用，主要是该定位系统成本低、定位精度高、容易在复杂的定位场景中快速布局，并能够消除超高频 RFID 信号所带来的随机电磁干扰。有源标签主要应用在超高频 RFID 定位系统中，具有良好的非视距远距离传输效果和超强的数据存储能力等，是一种同时具备信息采集和传输的无线通信相关设备。

RFID 室内定位方法基本上有两大类：阅读器定位和标签定位。

4.1.1　阅读器定位

阅读器定位基本原理是将阅读器安装在待定位的移动目标物体上，在需要定位的室内环境空间中布局一定数量的电子标签，通过阅读器向定位环境中的电子标签发射无线电信号，电子标签在获得阅读器的电磁激励后响应，以无线电信号方式反馈信息，并被阅读器采集获取，实现双向通行。根据无线电信号的传输时间、方位角或者接收信号强度等参数计算出阅读器与电子标签的距离位置关系，实现室内场景中的定位需求。

阅读器定位技术广泛应用在室内移动目标物体的定位和导航中，并且国内外很多研究者提出了许多可行的解决方案。

Lee 等在论文中提出了利用移动机器人基于 RFID 室内定位技术来降低机器人在移动过程中产生的位置累计误差。在定位携带有阅读器的智能机器人的位置和方向时，可以预先在适当的位置进行电子标签布局，智能机器人上的阅读器采集到电子标签位置信息后，利用加权平均或 Hough 变换发现目标智能机器人的位置所在。电子标签布局数量也是有讲究的，根据实验经验，在实验场景中布局的电子标签越多，定位的准确性就越高，但必须考虑定位系统的成本和电子标签间的干扰等问题。若不考虑增加电子标签并能够提高定位精度，Han等在论文中提出了通过电子标签三角形布局方式实现对携带阅读器的移动目标的定位，并通过实验证明了三角形布局比正方形布局在定位精度上有所提高，最大误差降低可达18％。Yanano等在论文中提出了利用阅读器接收到的信号强度，对阅读器运用机器学习的方法进行定位，该方法分为离线训练阶段和在线定位阶段两个阶段。

4.1.2　标签定位

标签定位与阅读器定位方式在日常生活中都有很好的应用。由于标签造价低廉，定位系统成本低，在商业物流、图书馆书籍查询及检索和仓库物品跟踪管理等应用场景都随处可见。标签定位实现过程主要是利用阅读器对移动中的电子标签进行跟踪和位置确定，阅读器可以保持在相对固定的位置，也可在一定的范围进行移动，但是在对电子标签进行定位过程中，要求电子标签运动速度不能太快，避免阅读器在采集电子标签信息过程中出现遗漏。

RFID室内定位技术最早是由Hightower等提出来的SpotON方法。该方法是基于对接收信号强度的分析，利用积集算法实现对室内三维空间目标电子标签进行定位，该方法利用专门定制的电子标签，能够体现信号衰减和距离之间的信息关系。不过该方法读取时间长，实时性欠佳，长时间的定位导致精度严重降低。Ni等利用有源电子标签对目标物体进行定位，实现过程是先对定位区域进行多个子区域划分，之后在特定的子区域里放置阅读器，当携带标签的目标物体进入到该区域，阅读器会计算标签与其自身的距离，若标签移出并进入到其他子区域，其他区域的阅读器会继续跟踪标签的位置。当然室内环境比较复杂，要实现精确的跟踪是有一定的难度，为了克服室内跟踪的偏差，他们提出了改进技术LAND-MARC。该技术是对标签进行已知位置的布局，并对标签进行地理信息的赋值，在定位过程中，阅读器根据接收到的来自标签信号强度情况校准目标物体的位置。该系统不难理解，类似在标签中把地理信息进行输入，在移动目标物体到达标签工作范围后，会与移动目标的阅读器进行通信，在建立起通信后，移动目标解读出标签的地理位置信息，并知道自身所处的大概位置，类似公交车站的路标报站系统，汽车到达站台时会采集到站台路标，并解读出该站台是什么站，在公交路线图中可以查询到公交站位置和站台标签位置。LANDMARC把部分有源标签配置为参考标签，这样做的目的是这些标签可以提供测量距离方位内标签信号强度信息，该系统利用部分有源标签替代昂贵的阅读器，降低定位成本。基于无源标签室内定位，Alippi等提出了利用已知位置的阅读器对无源电子标签进行室内定位的思路，但该方法是利用扇区极化方法实现标签的扇区所属的定位，该定位方法需要知道标签的ID号，通过识别ID号来确定标签所在的扇区，定位精度受限于阅读器数量的多少。

4.2　RFID 指纹定位投影位置定位研究

为了能够让智能机器人服务于现代教育，需要让智能机器人在活动场景中给受教育者提供视频投影、语音交互等服务。智能机器人如何实现在指定位置进行投影，在什么地方投影比较合适，这都需要对智能机器人进行定位。本章节主要基于RFID无线指纹技术，利用无源电子标签、阅读器、可移动的智能机器人平台和笔记本等设备构建了室内RFID无线指纹定位系统，对智能机器人进行室内定位，为智能机器人提供教育教学服务提供技术支持。

4.2.1　投影区域 Tags 的布局

电子标签，也称为标签（Tag），本章节定位实验采用的是无源电子标签，采用的定位方式是阅读器定位，即事先把一定量的电子标签在特定位置先固定布局好，通过电子标签阵列的合理设计布局，对携带阅读器的智能机器人进行导航和定位。如何合理地布局电子Tags 是一个值得研究的问题，在通常的布局中，有的研究者采用直线布局、三角形布局、四边形或者六边形等网络结构设计布局。这些布局有一定的合理性，定位精度会受到标签布局的影响，一般地，布局合理则定位精度会有所提高，否则会导致定位精度达不到预先要求。本章节提出了多种布局融合方式，在定位验证中获得了比较理想的定位效果。

1）单点结构布局电子标签

在利用电子标签对携带有阅读器的智能机器人进行定位过程中，电子标签数目可以根据需要进行合理配置，可以是单个电子标签，也可是多个电子标签。单个电子标签主要应用在车站站台报站定位，物流跟踪识别或门禁身份认证系统等领域。单点定位是在定位区域，依靠独立的一张电子标签布局在目标区域，比如实验中的投影点，通过在投影区域前 2m 位置空间进行地面标签网格布局，并对正方形区域进行地面标签网格细化处理，即设定每个小网格为边长为 10cm 的正方形，同时设定投影区域为 50cm×50cm 的正方形，单电子标签布局如图 4-1 所示。

2）正三角形结构布局电子标签

正三角形布局电子标签，定位目标位置是在正三角形的重心位置，根据欧拉公式，在已知空间三点位置的基础上，通过三角测量方法实现目标物体的定位。本章节的目标是通过在投影区域对 3 个电子标签进行正三角形结构布局，通过阅读器找到信号最强的投影点。正三角形电子标签布局如图 4-2 所示。

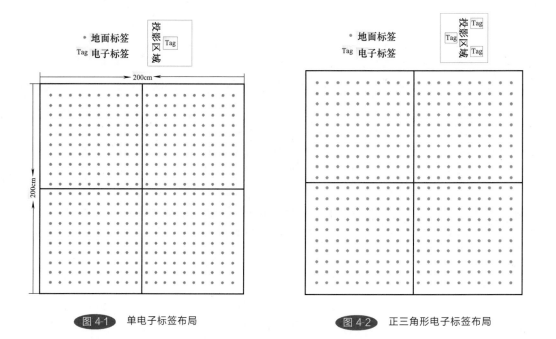

图 4-1　单电子标签布局　　　　　图 4-2　正三角形电子标签布局

3）正四边形结构布局电子标签

利用 4 个电子标签按正四边形结构布局在投影区域，根据信号分布，理论上可以在正四边形中找到四边形的中心位置，并把中心位置确定为投影中心点，在进行投影测试前，和前面的单点和正三角形一样，在投影前方边长为 2m 的正方形区域进行地面标签布局，并在投影区域布局 4 个电子标签，呈正四边形结构，正四边形电子标签布局如图 4-3 所示。

4）正六边形结构布局电子标签

采用正六边形结构布局电子标签是一种比较理想的手段，在投影区域布局 6 个电子标签，结构如蜂窝通信系统中的基站布局原理一样，该布局有很多优点，比如在每个标签覆盖范围一样的情况下，覆盖相同区域，需要的电子标签最少，叠加部分也最少，信号覆盖性能最高，在图 3-17（正三角形、正四边形、正六边形的比较）和表 3-2（正三角形、正方形、正六边形的布放性能比较）已经得到很好的说明，这里不再进行过多解读，正六边形电子标签布局如图 4-4 所示。

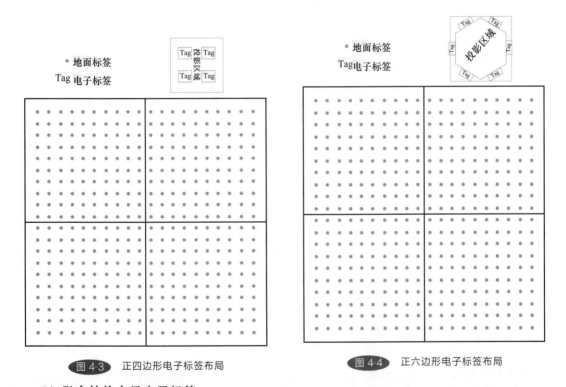

图 4-3　正四边形电子标签布局　　　　图 4-4　正六边形电子标签布局

5）融合结构布局电子标签

电子标签布局对定位精度的影响非常大，理论上电子标签布局越多，定位的精度就会越高，但是在实际的定位应用场景中，需要考虑到成本、设备的运行速度和计算能力、算法的可行性等因素，这对定位的精度和效率也产生较大影响。为了验证本书的算法和电子标签布局的优越性和可靠性，本书提出了多种结构融合（6＋4＋1）的电子标签布局，多个电子标签融合布局结构如图 4-5 所示。

4.2.2　智能机器人信号采集方法

智能机器人在室内运动过程中，室内定位系统需要为运动目标提供跟踪、导航和定位等

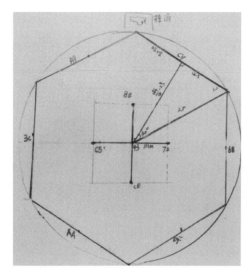

(a) 结构设计图

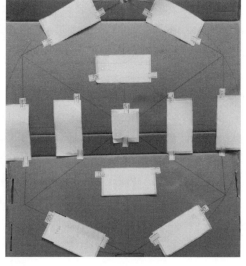

(b) 电子标签布局实物图

图 4-5　融合布局

　　服务。为了让智能机器人能够为教育教学提供精准优质的服务，需要对智能机器人在特殊服务区域进行精确的定位，这就需要对智能机器人活动场景中的各项定位数据进行采集。可以用于定位的信息很多，包括信号传播占用的时间、信号传播中的电磁信号相位以及信号传播中的能量损耗等，这些都可以用来作为定位所需的信息特征。

　　本章节主要是利用电磁波在传输过程中，信号强度会随着距离的增加而呈现出按指数衰减的特性，根据信号在定位场景中分布情况，建立起信号覆盖的指纹地图，利用指纹地图数据库与实时采集到的信息进行最大相似度匹配，查询出最接近真实距离的目标物体位置。这里的特征信息为接收信号强度（RSS）。信号采集需要有采集软件、硬件及配套的网格地图等，其中软件主要包含 UHF RFID Reader App V2.1、Visio2013、MAT-LAB7.0，硬件主要包括移动智能机器人平台 Erob、笔记本电脑 Lenovo Thinkpad X220、阅读器 VM-5GA 套件和 11 张电子标签，其他辅助材料有手写地面标签、卷尺等，部分设备如图 4-6 所示。

(a) RFID阅读器套件

(b) UHF电子标签

(c) 智能机器人平台

 图 4-6　RSS 信号采集部分设备

在实验区域，构建的地面标签结构如图 4-7 所示。在边长为 2m 的正四边形区域内建立了指纹栅格。信号采集时，利用智能机器人平台上预装的 UHF RFID Reader App V2.1 软件，对地面指纹区的参考点进行 RSS 信号采集。分别对地面的 20×20 个采样点进行 RSS 数据采集，先从靠近投影区域的右侧向左侧第一排地面标签上开始采集，每一个采样点采集 11 个电子标签的 RSS 信号，每个电子标签需要采集 10 次，这样每一个采样点上采集的 RSS 信号数据量达到 110 个，数据采样起点为右上顶点的第一个地面标签，按图示箭头方向进行，如此蛇形进行采集，直到采集最后一个采样点结束，RSS 信号采集方向如图 4-7 的箭头指向所示。

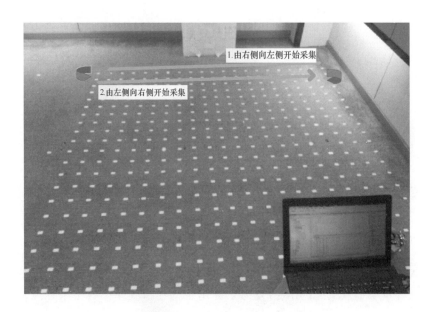

图4-7 RSS 信号采集方向示意图

为了能够实现信号采集的选择性，我们对软件的交互界面进行了改进，并可以实现信号 CRC 的选择，根据电子标签在投影区域布局选择合适的电子标签进行数据采集，使信号获取界面简洁，采集软件界面显示如图 4-8 所示。

4.2.3 信号处理方法

1）指纹数据库建立方法

在实验场景中采集到大量的 RSS 信号数据，这些数据并不能直接用于建立指纹数据库，需要进行预先处理。即在每一个指纹点，我们采集到 11 电子标签的 RSS 信号，每一个电子标签采集 10 次，每一个采样点获得数据达到 110 个。对每一个采样点，每一个电子标签的 RSS 信号均值可以通过式（4-1）来表示。

$$\overline{RSS} = \frac{1}{N} \sum_{j=1}^{N} RSS_j \tag{4-1}$$

式中，N 表示为每一个样本采集点的样本采集次数，最大取值为 10，j 表示在每个样本点采集的第 j 次，RSS_j 为第 j 次采集的 RSS 信号值，$\overline{RSS}$ 为获得的 RSS 信号均值。

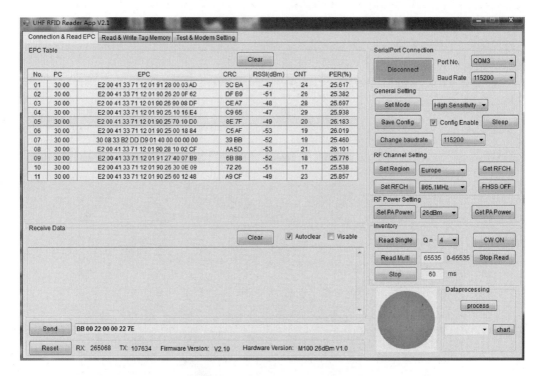

图4-8　RSS 信号采集软件界面显示图

在本实验中，由于 RSS 信号采集参考点多，为了能够表示采集点在地面标签位置点的位置，特引入了二维空间平面坐标系，通过对每一个样本采集点采集到的 RSS 信号并进行均值，获取该样本采集点最终的 RSS 信号，并用于构建指纹库。各个采样点均值计算参考式（4-2）。

$$\overline{RSS_{xy}} = \frac{1}{M} \sum_{i=1}^{M} T_i \frac{1}{N} \sum_{j=1}^{N} RSS_j \tag{4-2}$$

式中，M 为标签数目，最大值为 11；T_i 为第 i 次采集到的标签数；N 表示为每一个样本采集点的样本采集次数，最大取值为 10；x、y 为采样过程中对应的坐标位置。坐标空间为矩形，长和宽都为 2m。

考虑到 RSS 信息量比较大，为了能够高效地进行数据处理，本章节采样均值手段对上述数据进行处理，也获得了预期的定位效果。

2）不同无线网络结构指纹库中能量分布

本章节对分布在 RFID 定位系统的地面指纹区域正前方 20cm 处的电子标签阵列进行 RSS 采集，并通过软件过滤功能分布选出正四边形、正六边形的结构的电子标签进行 RSS 采集，并对所有电子标签进行采集，剔除异常值后均值，处理方法如式（4-1）和式（4-2）。并得到每一个指纹点在不同结构的 RSS 信号分布情况。

（1）正四边形结构 RSS 能量指纹分布

在对应的指纹采样点，采集 10 次，每一次采集 4 个正四边形布局结构的电子标签 RSS 信号，采集过程中会出现部分点采集不到 RSS，部分能采集到 RSS 但信号比较弱，但整体采集效果还是比较能够接受，不过在特定的长和宽都为 2m 的指纹区域，其 RSS 均值分布是有区别的，如图 4-9 所示。

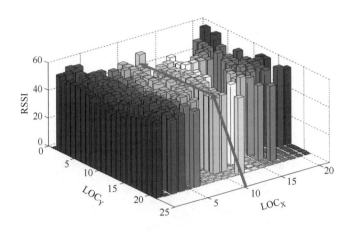

图 4-9　正四边形结构 RSS 能量指纹分布图

在图 4-9 中，我们发现 LOC_Y 为 $15\sim20$ 的横轴方向上，信号会有很大的不确定因素，有大量的采样点在 RSS 数据没有显现，在 LOC_X 为 $13\sim20$ 的纵轴上，出现很多的 RSS 数据空缺。但通过对图分析发现，在中轴线 LOC_X 为 10 的左右两侧，信号能量逐渐减弱趋势。在中轴线 LOC_X 为 10 的这条线上，RSS 能量基本上是最强的，并且随着逐渐靠近电子标签的方向，RSS 信号能量也逐渐增强，但也有起伏。

（2）正六边形结构 RSS 能量指纹分布

采用正六边形结构布局电子标签，RSS 能量聚集效果明显好于正四边形结构布局。RSS 能量在中轴线 LOC_X 为 10 的这条线上的信号明显比 LOC_X 为 $1\sim9$ 和 LOC_X 为 $11\sim20$ 的纵轴上的强，并且呈现峡谷趋势。在靠近电子标签方向上，能量呈现明显的增强趋势，如图 4-10 所示。

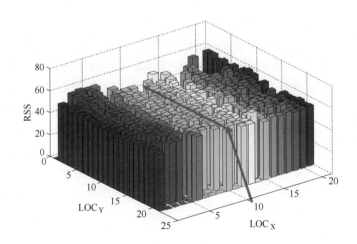

图 4-10　正六边形结构 RSS 能量指纹分布图

在图 4-10 中，基本上都能够采集到 RSS 信号，只是在比较远的地方，出现零星的几个采样点出现没有采集到状态。但整体效果较正四边形结构布局好多了。

（3）六边形＋四边形＋中心点结构 RSS 能量指纹分布

根据定位需要，在边长为 2m 的指纹区域对 11 个电子标签的 RSS 信号进行采集，通过每一个采样点采集 10 次，对采集到的 RSS 数据进行均值，并通过 RSS 能量指纹分布展现，如图 4-11 所示。

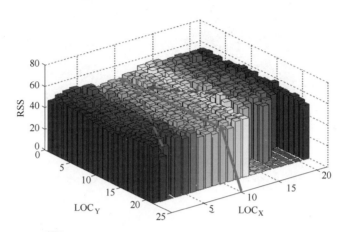

图 4-11　六边形 + 四边形 + 中心点结构 RSS 能量指纹分布

在图 4-11 中，由于信号采集工作人员故意在右侧部分区域设置人为遮挡，我们很容易发现信号除了在遮挡区域右下角的横轴 LOC_Y 为 17～20，纵轴 LOC_X 为 13～20 的区间没有采集到 RSS 信号外，其他区域信号都相对稳定，并且呈现良好的变化趋势，如箭头指向所示，能量向箭头的方向呈现明显的增强趋势，信号稳定度明显好于正四边形和正六边形结构。这就验证了本书提出 641（正六边形＋正四边形＋中心点）布局电子标签网络布局设计的科学性。

4.2.4　基于投影位置的定位实现

在 301# 中，为了让智能机器人能够在指定位置进行投影，需要知道智能机器人与投影区域的距离，并能够发现智能机器人所在地面标签的位置，这就需要对智能机器人进行定位。本章节设计了基于 RSS 能势场导航路由决策算法，并利用地面标签构建 RFID 指纹地图，在地面标签前方距离墙面 20cm 的地方设定为投影区域，投影区域为长和宽都为 50cm 的正方形，在投影区域里按能量分布优化设计要求粘贴 11 个电子标签，用于投影点位置的定位，在智能机器人正前方距离投影区域 20～50cm 的地方可以进行投影。

1）指纹数据库建立

通过 RFID 阅读器采集到的 RSS，经过处理后建立指纹数据库。在建立指纹数据库时，为了能够很好地表征信号特性，本章节只展现了地面标签正前方中心区域相关部分数据，即边长为 1m 的正方形区域指纹数据库，如表 4-1 所示。

2）算法设计

无线指纹定位技术算法设计包括两个阶段，即离线训练阶段和在线定位阶段。

（1）离线阶段

离线阶段利用智能机器人采集大量 RFID 的 RSS 信号并建立起数据库，并构建数据库地图，原理如图 4-12 所示。

表 4-1　RFID 指纹数据库

RSS_{xy}	RSS_{x0}	...	RSS_{x5}	...	RSS_{x9}	RSS_{x10A}
RSS_{0y}	−46.1	...	−41.1	...	−49.1	−51.2
RSS_{1y}	−51.6	...	...	...	...	...
...	...	...	...	...	...	...
RSS_{7y}	−51.5	...	−49.8	...	−51.1	−51.7
RSS_{8y}	−52.5	...	−50.6	...	−51.6	−49.1

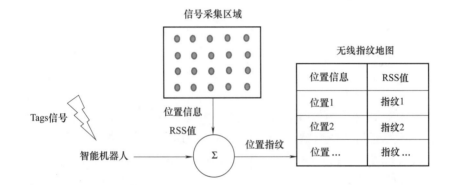

图 4-12　基于智能机器人离线阶段 RFID 指纹定位技术的原理图

离线阶段包括以下几个步骤。

步骤 1：在信号采集区域根据定位精度需求布局地面标签，设置信标节点；

步骤 2：把需要跟踪定位区域划分成许多网格，建立起指纹地图，并以网格点（指纹点）作为跟踪区域的参考点；

步骤 3：通过采集 RFID 的信号，根据算法对 RSS 信号进行处理后存储到相应的无线指纹地图中。

（2）在线阶段

智能机器人在实时定位过程中，根据实时采集到的 RSS 信号，通过在线搜索等算法实现指纹数据库与实时数据进行匹配，最终估算移动目标的大概位置。原理如图 4-13 所示。

在线阶段包括以下几个步骤。

步骤 1：智能机器人进入到跟踪定位区域，并从每个信标节点采集到实时的 RSS 值；

步骤 2：将实时采样到的 RSS 值与无线指纹地图中的数据库 RSS 值进行匹配；

步骤 3：检索数据库中 RSS 值匹配的最近区域，估算出智能机器人的位置信息。

3）定位实验

在定位过程中，智能机器人能够在特定位置实现教育教学服务，这里主要研究智能机器人如何到达投影指定的位置，并在投影区域进行定位投影，实现教育教学内容投放。为了能让智能机器人能够到达投影区域前 20～50cm 位置，保证智能机器人能够在投影区域的正前方，并可以发现智能机器人位置所在，在智能机器人定位区域前边长为 1m 的正方形中建立

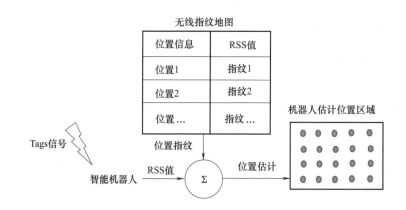

图 4-13 基于智能机器人在线阶段 RFID 指纹定位技术的原理图

了 RSS 数据指纹，处理后得到的 RFID 的 RSS 能量分布如图 4-14 所示。

由于定位区域会有各种干扰因素，在网格中采集到的 RSS 信号会受到无法预知的衰减，为了降低因信号衰减带来的风险，实验中对每一个采样点进行 10 次采样，并在环境相对理想的情况下采样 11 个电子标签 RSS 值。考虑到有的电子标签在某时刻不一定被阅读器成功识别并获取 RSS 值，在计算均值时以实际采集到的电子标签为准，通过各个采样点把采集到 RFID 的 RSS 数据进行均值处理，建立起最终数据库，这个数据库可以运用到导航研究中，为引导智能机器人到达指定的投影位置发挥作用。通过图 4-14 我们发现，指纹数据库中的 RSS 能量分布并不都是在中心轴上最强，根据 9 根横轴 RSS(80-18A)～RSS(00-10A) 在图中的走势，设定向左轴偏为一，向右轴偏为＋，在中心轴上为 0，向左偏移一格为－1，向右偏移 1 格为＋1，如此类推。可以发现 9 根横轴 RSS(80-18A)～RSS(00-10A) 分别偏移纵轴 6（中轴）为－3、－3、－1、－1、－3、＋1、0、0、0。

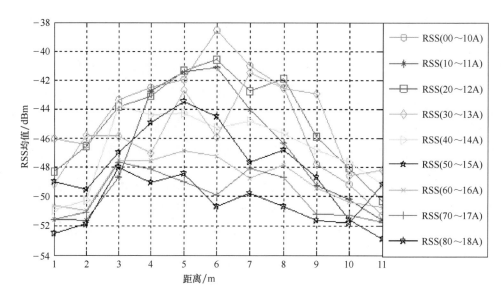

图 4-14 RFID 的 RSS 能量分布图

基于 RFID 定位中 RSS 在指纹地图中能量分布情况分析，为了让智能机器人能在指定的服务区域进行定位服务功能，我们设计了基于 RSS 能势场导航路由决策算法，该算法设定智能机器人可以分别从左、中、右三个方向任意一点进入到指定的区域，并利用事先指纹库中的 RSS 能量分布数据为导航驱动，算法流程如图 4-15 所示。

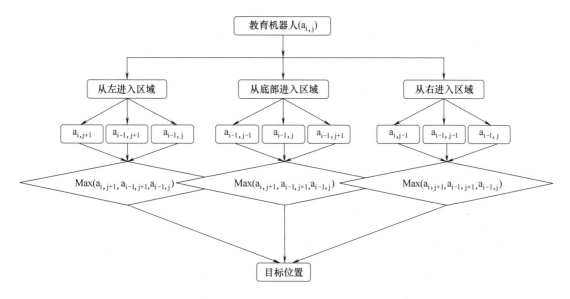

图 4-15　基于 RSS 能势场导航路由决策算法

设定具备教育功能的智能机器人从（$a_{i,j}$）点开始进入到跟踪定位区域，根据 RSS 能量（能势场）增强导航算法设计思想，智能机器人依据能量增强情况，选择能量强的指纹数据为下一步移动的导航决策，智能机器人利用实时采集到的 RSS 信号，对所有采集到的 RSS 信号进行均值计算，并将均值数据与指纹库中的 RSS 数据进行比较，通过比较获取最大的 RSS 值为导航决策方向。

智能机器人在地面标签布局区域从不同方向进入到投影区后路由决策分析如下：

① 智能机器人从指纹数据库地图的底部任意一点（$a_{i,j}$）进入 RFID 跟踪定位区域。

智能机器人出发点设定为（$a_{i,j}$），根据 RSS 能势场导航决策，智能机器人运动中实时采集 RFID 的 RSS 数据，并把实时 RSS 数据与数据库中的 RSS 数据做相似度最大化的匹配。为了更清楚说明智能机器人在指纹地图中的位置情况，实验中初步设定智能机器人当前处在网格的底部（$a_{i,j}$）位置。在数据库中前方 90°角方向上，机器人下一步决策的方向可能会是左 45°角临近点 $a_{i-1,j-1}$，正前方临近点 $a_{i-1,j}$，右前方 45°角临近点 $a_{i-1,j+1}$ 这三个方向中的一个，智能机器人可能走的方向为这三点中的任意一点，这里我们根据数据库检索方式，获取 RSS 能量最强的点作为导航驱动，让机器人根据最强的 RSS 作为下一步运动决策的方向。

通过对指纹数据库地图中 $a_{i-1,j-1}$，$a_{i-1,j}$，$a_{i-1,j+1}$ 三个 RSS 值进行比较，选取能量最强的 RSS 作为智能机器人下一步运动的方向，并执行运动决策，引导机器人向下一个目标点运动。根据算法得到智能机器人决策路由如图 4-16 所示。

② 智能机器人从指纹数据库地图的左侧任意一点（$a_{i,j}$）进入 RFID 跟踪定位区域。

```
×××××××××××××××××××××××××××××××-41.13×××××××××××××××××××××××××××××××
×××××××××××××××××××××××××××××××-40.55×××××××××××××××××××××××××××××××
××××××××××××××××××××××××××××-42.71×××××××××××××××××××××××××××××××××
×××××××××××××××××××××××××-44.23×××××××××××××××××××××××××××××××××××××
×××××××××××××××××××××-45.65×××××××××××××××××××××××××××××××××××××××××
××××××××××××××××××-44.93×××××××××××××××××××××××××××××××××××××××××××
×××××××××××××-47.48×××××××××××××××××××××××××××××××××××××××××××××××××
×××××××××-47.62×××××××××××××××××××××××××××××××××××××××××××××××××××××
×××××××-49.04×××××××××××××××××××××××××××××××××××××××××××××××××××××××
```

图 4-16 智能机器人从下中部任意一点进入到投影区路由显示

同样在任一点（$a_{i,j}$）处进行路由决策，根据 RSS 能量增强为导航决策，通过 RSS 指纹数据库地图中 $a_{i-1,j}$，$a_{i-1,j+1}$ 和 $a_{i,j+1}$ 的 RSS 能量强度进行比较，选取最强的点作为机器人下一步运动方向。根据算法得到智能机器人决策路由，如图 4-17 所示。

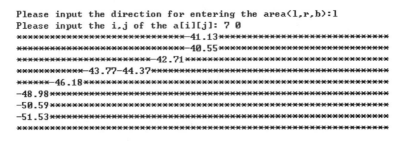

```
Please input the direction for entering the area(l,r,b):l
Please input the i,j of the a[i][j]: 7 0
×××××××××××××××××××××××××××××××-41.13×××××××××××××××××××××××××××××××
×××××××××××××××××××××××××××××××-40.55×××××××××××××××××××××××××××××××
××××××××××××××××××××××××××××-42.71×××××××××××××××××××××××××××××××××
××××××××××××××××××××××-43.77-44.37×××××××××××××××××××××××××××××××××
×××××××-46.18×××××××××××××××××××××××××××××××××××××××××××××××××××××××
-48.98×××××××××××××××××××××××××××××××××××××××××××××××××××××××××××××××
-50.59×××××××××××××××××××××××××××××××××××××××××××××××××××××××××××××××
-51.53×××××××××××××××××××××××××××××××××××××××××××××××××××××××××××××××
×××××××××××××××××××××××××××××××××××××××××××××××××××××××××××××××××××××
```

图 4-17 智能机器人从左侧面任意一点进入到投影区路由显示

③ 智能机器人从指纹数据库地图的右侧任意一点（$a_{i,j}$）进入 RFID 跟踪定位区域。

同样在任一点（$a_{i,j}$）处进行路由决策，根据 RSS 能量增强为导航决策，通过 RSS 指纹数据库地图中 $a_{i-1,j}$，$a_{i-1,j-1}$ 和 $a_{i,j-1}$ 的 RSS 能量强度进行比较，选取最强的作为机器人下一步运动方向。根据算法得到智能机器人决策路由如图 4-18 所示。

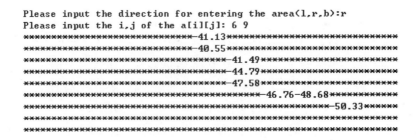

```
Please input the direction for entering the area(l,r,b):r
Please input the i,j of the a[i][j]: 6 9
××××××××××××××××××××××××××××××-41.13×××××××××××××××××××××××××××××××
××××××××××××××××××××××××××××××-40.55×××××××××××××××××××××××××××××××
××××××××××××××××××××××××××××××-41.49×××××××××××××××××××××××××××××××
×××××××××××××××××××××××××××××××-44.79××××××××××××××××××××××××××××××
×××××××××××××××××××××××××××××××-47.58××××××××××××××××××××××××××××××
××××××××××××××××××××××××××××××××-46.76-48.68×××××××××××××××××××××××
×××××××××××××××××××××××××××××××××××××-50.33×××××××××××××××××
×××××××××××××××××××××××××××××××××××××××××××××××××××××××××××××××××××××
×××××××××××××××××××××××××××××××××××××××××××××××××××××××××××××××××××××
```

图 4-18 智能机器人从右侧面任意一点进入到投影区路由显示

智能机器人从投影白板（Tags 阵列）前地面标签区域任意一点进入，根据 RSS 数据库地图的能量分布情况，同时依据算法设计思想，通过仿真，智能机器人以能量增强方向为导航方向，总能到达我们预设的投影交互区域（-40.55，-41.13），即投影交互位置，实现理想定位，这也验证了算法设想的正确性。

为了能够验证算法设计的可行性，本研究还对 RSS 指纹数据进行分析，设定中轴线为 RSS_{x5}，投影区域在路由图的正前方 20cm 地方，智能机器人从不同边沿进入到边长为 1m

的地面标签区域后，从中底部、左侧、右侧任意一点进入到投影区前面导航定位区域，在能量增强导引下，尽管智能机器人在路由上有一些曲折，但最终都能够到达投影区域的前面。通过手动绘制，路由决策效果如图 4-19 所示。

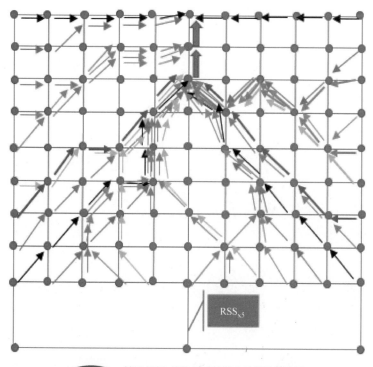

图 4-19 基于 RSS 能势场导航路由决策的路由图

第 **5** 章　智能机器人WiFi+RFID融合定位

WiFi 定位技术适用于障碍物相对较少的室内大场景中，但定位精度不是很高，而 RFID 定位技术可以用在需要精确定位的小场景中，满足服务对象需要的定位精度需求。为了能够让智能机器人有效服务于展厅、教室等特定教育教学场景，实现对目标物体的跟踪定位，单一的定位方式已经不能满足人们在复杂环境下的定位需求，需要采用多种定位技术融合方式才能实现定位目标。本章节利用 WiFi 和 RFID 等多种定位技术进行融合，实现多场景下智能机器人基于定位的教育教学服务应用。

5.1 WiFi+ RFID 融合定位的优势分析

随着人们对定位的要求提高，单一的定位技术在现代生活中逐渐显示出不足，利用多种定位技术对目标物体进行融合定位将成为一种发展趋势。

1）多种定位技术的融合定位

（1）基于卫星为主体的融合定位

人类对自然空间的探索是永无止境的，对移动目标的跟踪、固定目标的定位在人们生活中已是常态。卫星相当于空间中的眼睛，对空中、地面或者海洋的目标具有发现、跟踪、导航、定位和授时等功能。目前的导航定位卫星系统，包括美国的全球定位系统 GPS、欧洲的伽利略卫星导航系统、中国的北斗卫星导航系统 BDS 等都在全球进行了推广应用。这些卫星在导航和定位功能上各有优势，并在军民两用方面都发挥了积极作用。以卫星导航定位系统为主导的室外定位系统近年来在定位精度上有了很大的提高，卫星导航定位系统与非卫星定位导航系统相融合方面也取得了极大的改进。比如 GPS 系统衍生出 A-GPS 定位系统，该系统充分结合地面微波站技术与 GPS 技术，通过移动通信网络接收辅助定位信息，提高了 GPS 系统定位效率和精度。中国北斗定位系统也在定位方面有突出的表现，通过地面微波站和北斗卫星建立起无线链路，再通过地面站协助卫星在地面上实现更精确的定位，对目标物体的跟踪定位能与 GPS 相媲美。

（2）基于基站主体的融合定位

基站定位是一种非精密的无线定位方式，又称为蜂窝定位或者 Cell-ID 定位，该定位系统主要应用在对移动通信系统中的基站或者可移动的智能通信终端的位置确定，其定位方式主要有 ID 识别码定位和扇区定位两种方式。ID 定位主要是通过基站识别码实现移动终端或者基站的位置确定，基站在定位系统中都有自己的位置地图，通过识别码查询就可以知道基站的位置，同时运营商也可以通过智能终端所在的基站覆盖的服务区，也能查询到终端的大概位置，不过精度非常低，只能定位到终端是在哪个基站的服务区内。若需要定位精度再高一点，则需借助基站定位中的扇区辅助定位，其原理是当服务基站的大概位置被确定后，利用基站的智能多天线技术，通过扇区分割手段，在不同的扇区上分布不同的天线矩阵，根据无线信号发射和接收的角度关系、时间关系、相位关系或者能量变化的情况，确定智能终端的位置，达到定位的最终目的。当然基站定位系统现在与 WiFi 定位系统也开始融合，实现对儿童电话手表、智能穿戴设备的跟踪和定位，并逐渐得到了推广和应用。

（3）基于室内定位为主体的融合定位

人们工作、学习、生活和休息的大部分时间都在室内场景中进行，室内定位需求也在随着技术的发展和社会进步也变得更为迫切。室内定位主要场景是在医院、商场、教育教学场所及仓库等场所，容易受到多种环境因素的影响，导致定位精度降低。若要提升定位综合性能，则需要多种室内定位技术协同工作，比如利用室内微基站信号作为主定位信号源，辅以

WiFi 信号为次要定位信号源，通过微基站对室内大环境下的待定位目标物体进行非精确定位，在确定大概位置后，利用小环境下的 WiFi 信号进行更加精确的定位。若需要更加精确的定位，则可以选择 ZigBee、Bluetooth、RFID 等室内定位技术进行融合定位。

（4）基于有线定位主体的融合定位

有线定位技术，是指通过传感器采集到需要定位物体的异动信号，通过有线通信方式把信号传输给定位服务器进行位置的解算，达到发现定位目标位置的目的。典型的有线定位包括光纤定位技术、压力传感定位技术等，这些定位技术在不同领域有很高的应用价值，比如光纤定位技术广泛应用在海底潜艇的定位跟踪，压力传感定位技术用在铁路、轨道交通等交通场所。这些有线定位技术可以与无线定位技术中的卫星导航定位、基站定位等技术结合，实现不同场景中的定位应用。

（5）基于无线定位为主体的融合定位

无线定位，区别于有线定位，主要是通过无线传输信号方式把定位信号发送到接收端，实现对移动或固定目标物体的位置发现。典型的无线定位主要归类为声波定位、光信号定位和电磁波定位、地磁定位等。声波定位在自然界中很常见，比如耳朵在听到声音后，可以瞬时判断声源方向和位置。眼睛是通过光信号识别目标物体，能判断该物体距离我们有多远。海豚、鸽子、候鸟等动物根据地磁特征能够判断自己位置所在，并引导他们最终到达目的地。人类借助科技手段实现目标位置的定位，比如利用卫星、基站、WiFi 等无线信号手段实现多种定位方式融合，实现对目标物体的跟踪和定位。

2）WiFi+RFID 融合定位优势

每一种定位方式都有一定的局限性，受限于定位应用的各个领域。融合定位的最终目的是实现各种定位技术的优势互补，把定位过程中各种定位技术进行融合，发挥各自最大潜能，为定位目标实现高精度和高效率的定位服务。目前多种定位融合主要有室外定位和室内定位融合、有线定位和无线定位融合等多种融合方式。本书将室内无线定位技术进行融合，利用智能机器人本身红外传感器、超声波传感器等多种传感器使智能机器人进行避障和测距，协助智能机器人的定位。

利用室内环境中无处不在的 WiFi 信号，并协同万物互联的中间设备 RFID，能实现在不同教育教学场景中对智能机器人的位置跟踪和定位。WiFi 信号有较大的覆盖区域，可以实现较大范围的覆盖服务，同时该网络在目前室内场景中覆盖范围广，为进一步推广室内定位应用提供便利。WiFi 定位技术在网络布局优化和算法改进等条件下，定位精度也得到了很好的提升；在国家大力提倡智慧物联、万物互联、无人驾驶等应用开发的背景下，基于RFID 技术的应用将进一步推广，RFID 的定位技术将进一步完善和改进，精度也会得到进一步提升。根据定位精度和不同场景要求，在小场景中使 RFID 与 WiFi 对智能机器人进行融合定位是一种不错的决策。

5.2 WiFi+RFID 融合定位技术实现

5.2.1 WiFi 定位技术特性

在第 3 章中，讨论了 WiFi 定位技术的理论基础和定位实现，综合智能机器人活动场景的特殊考虑，尤其是在室内复杂场景中需要智能机器人为教育活动提供精准的服务，离不开对智能机器人的跟踪、导航和定位。基于 WiFi 信号覆盖下的智能终端设备很多，比如笔记本、ipad、智能手机、智能穿戴设备和儿童电话手表等，当然也包括当前人工智能最具代表性的各类智能机器人产品。国家大力提倡的智慧城市离不开全城覆盖的 WiFi 信号，在商场购物中心、全民健身广场、开放式智慧车库、休闲娱乐场所、校园、各类写字楼等环境等都有 WiFi 信号覆盖，这为基于 WiFi 定位技术的研究提供了便利，同时也给定位相关研究及应用降低了成本。

WiFi 定位技术主要是基于电磁信号传播特性。设无线定位信号按电磁波信号函数 $y = A\sin(\omega t + \theta)$ 进行传播，该电波信号特征主要包含有信号强度、时间、频率和相位这几个要素，若需要进行与定位相关的信号特征分析，可以根据定位需要选择其中一项或多项参数进行采集、处理和分析。在很多论文中，定位信号分析采用基于信号强度的参变量，即根据服务器接收到的 WiFi 的 RSS 信号的衰减情况判断信号从发射端到接收端的距离，在计算距离过程中根据定位需要不同，采用的算法也会不一样，有基于信号衰减模型的算法，比如采用函数式 $P_{\mathrm{r}}(d)_{\mathrm{dB}} - P_{\mathrm{r}}(d_0)_{\mathrm{dB}} = -10n\lg\left(\dfrac{d}{d_0}\right) + X\sigma$；也有根据占用信号传输时间长短的不同，主要采用信号到达时间、信号到达时间差等算法；目前比较实用的是基于 RSS 能量指纹分布的指纹定位算法，当然根据指纹特征不同，定位精度和具体算法也有所差异。

5.2.2　RFID 定位技术特性

RFID 信号传播距离有限，一般采用高频电子标签的情况下传播距离可达 8m 或更远，若采用低频电子标签，传播距离较短，只适用于物联网、个人身份识别、门禁系统、仓库管理和图书馆书籍管理等领域。RFID 定位技术在智能物流、智能交通等领域已经得到了广泛应用。RFID 定位过程中使用的电子标签主要分为有源电子标签和无源电子标签两种，其中有源电子标签定位距离比较远，但是成本高，相互之间干扰严重，不适合大规模部署。无源电子标签成本低，定位距离有限，并有部分电子标签在定位过程中因为多种因素影响而发挥不了作用，定位过程中还需要充分兼顾信号间干扰等因素，一般在大量部署情况下对提高定位精度有一定的帮助。

5.2.3　WiFi+RFID 融合定位

在定位场景 301$^{\#}$ 中，本研究主要是验证智能机器人在 WiFi 网络覆盖和 RFID 网络场景中，利用本书提出的无线网络布局方案和算法能否成功导航智能机器人到指定的位置并实现融合定位。

1）WiFi 融合 RFID 场景布局

在 301$^{\#}$ 定位场景内，为了能够实施 WiFi+RFID 融合定位研究，需要在同一场景中布局两种无线网络，即 WiFi 无线网络和 RFID 无线网络。由于两个无线网络在定位系统中定位精度不一样，WiFi 定位系统比较适合室内大环境下的目标物体定位，而 RFID 定位系统比较适合室内小环境下的目标物体定位。为了能够实现智能机器人在复杂的 301$^{\#}$ 环境中提供服务，让智能机器人在廊道中自主运动到讲台右侧的投影区域，需要对智能机器人的导航和定位进行深入研究，实现智能机器人投影推送等服务功能。

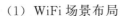
（1）WiFi 场景布局

在实验环境中，布局了 3 个 360mini 路由器，在讲台后面的电子黑板上方墙面 2m 高的地方部署了 2 个无线路由器，分别命名为 AP_1 和 AP_2，其中 AP_1 靠左侧，并与左廊道在同一切面上，AP_2 靠右侧，与右廊道在同一切面上。AP_1 与 AP_2 相距 3m。在电子黑板正对的前方进门承重梁上布局了 AP_3，AP_3 和前面的 AP_1 和 AP_2 构成等腰三角形，距离地面也为 2m，与前面电子黑板距离 9m。

为了获取良好的定位效果，本实验在距离投影区域比较远的三个廊道上布局了间隔为 1m 的地面标签，在课桌椅前面区域没有其他障碍物，距离投影区域比较近，布局了间隔为 50cm 的地面标签，布局两种不同间距的地面标签目的是为了实现粗细指纹的导航和定位，以获取更理想的定位效果。

（2）RFID 场景布局

由于 RFID 比较适合较小的定位场景，本实验中为了能够实现 RFID 与 WiFi 的融合定位，并不需要进行大范围的布局电子标签和地面标签。投影区域是一块边长为 50cm 的正方形模板，由 11 个电子标签布局构成投影区域，如第 4 章的图 4-5 所示。模板外围布局 6 个电子标签，为正六边形结构，中间区域由 4 个电子标签构成，为正方形结构，中心点布局一个电子标签。本设计目的是在对 RFID 的 RSS 信号采集的过程中，能够获取更好的信号特征，对 RSS 信号有更好的类聚作用。

RFID 地面标签区域是一个边长为 2m 的正方形区域，距离投影区域 20cm，在 RFID 地面标签布局中，设定每一个地面标签间距为 10cm。在 WiFi 融合 RFID 定位的场景布局中，通过讲台右侧的地面标签布局，WiFi 地面标签由原来廊道上 1m 间距细化到 50cm 的间距，并嵌入到 RFID 地面标签中，在 RFID 指纹中设置指纹间距为 10cm，实现了大环境下的粗化和小环境下的细化导航及定位衔接，WiFi 融合 RFID 导航定位实现了两种不同定位系统的优势互补，提高了智能机器人活动场景下教学服务的实用性，WiFi 融合 RFID 场景布局如图 5-1 所示。

2）算法设计

本章节算法设计包括两个，第一个是 WiFi 融合 RFID 无线指纹定位算法，另外一个是基于 RSS 能势场导航路由决策定位算法。

（1）WiFi 融合 RFID 无线指纹定位算法

无线指纹定位技术在室内定位中有广泛的应用，该技术主要适用于需要定位的区域不大，无线网络容易布局，定位精度要求相对高的环境，在定位中不需要考虑损耗特性，只需要建立合理的指纹地图，在指纹地图中各个参考点记录下 RSS 信号相关特性，通过对采集到的 RSS 数据进行合理处理，建立起无线指纹数据库。在定位过程中需要获取各个参考点的 RSS，并与无线指纹数据库中的 RSS 进行相似度最大化匹配，达到定位的最终目标。融合定位是考虑分别在不同环境中建立起 WiFi 和 RFID 的指纹数据库，通过离线阶段训练和在线阶段实时定位处理，实现待定位目标的位置确定。

离线阶段主要是对 WiFi 和 RFID 分别建立各自的无线指纹地图，通过移动目标物体在指纹地图中的参考点对 RSS 信息进行多次采集，并通过一定的处理方式获得合理的 RSS 数据，记录相关坐标位置信息与处理后的 RSS 对应数据库，以便在后期的在线阶段使用，WiFi 融合 RFID 无线指纹定位流程如图 5-2 所示。

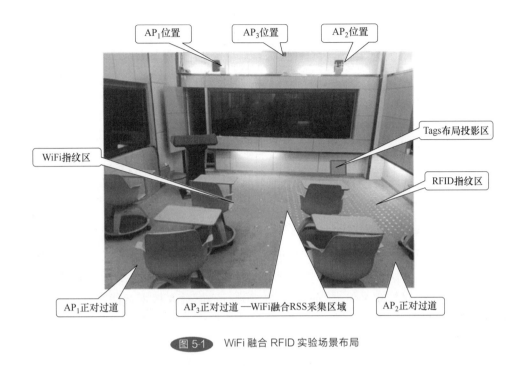

图 5-1 WiFi 融合 RFID 实验场景布局

图 5-2 基于智能机器人离线阶段 WiFi 融合 RFID 无线指纹定位技术的流程图

在线定位阶段的主要任务是移动目标物体在需要定位的区域采集相关的 WiFi 和 RFID 的 RSS 信息，并根据采集到的 RSS 值与服务器中的 WiFi 和 RFID 指纹数据库的 RSS 进行相似度最大化比较，也称为匹配。即根据无线指纹地图，找到实时 RSS 信息与指纹数据库中的 RSS 最相似的值，通过 RSS 指纹数据库中 RSS 值与位置信息进行关联，找到移动目标的大概位置，WiFi 融合 RFID 无线指纹定位流程如图 5-3 所示。

（2）基于 RSS 能势场导航路由决策定位算法

由于本研究的最终目的是希望智能机器人能够自主到达指定的位置，并进行投影等相关的教育教学服务，为了能够实现导航定位的目标，本书提出了基于 RSS 能势场导航路由决策定位算法，算法如图 5-4 所示。

通过图 5-4 的算法流程，我们对基于 RSS 能势场导航路由决策定位算法进一步的细化，设定智能机器人可以从 Left、Bottom 和 Right 三个方向进入到地面标签区域，在智能机器

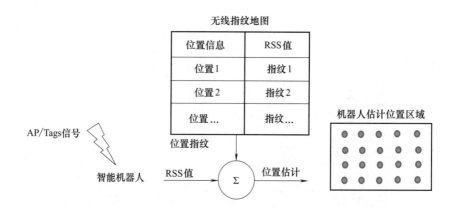

图 5-3　基于智能机器人在线阶段 WiFi 融合 RFID 指纹定位技术的流程图

人服务器的数据库中已经存储了地面指纹地图和对应坐标 RSS 数据库，当智能机器人进入到需要定位的地面标签区域时，智能机器人根据实时采集到的 RSS 数据并进行均值处理，根据均值处理后的数据与进入点 $a_{i,j}$ 的 RSS 数据进行匹配，并根据智能机器人 RSS 指纹数据库地图中夹角为 90°的 3 个指纹点进行 RSS 能量比较，选择最强的 RSS 为下一步运动决策，算法分解图如 5-5 所示。

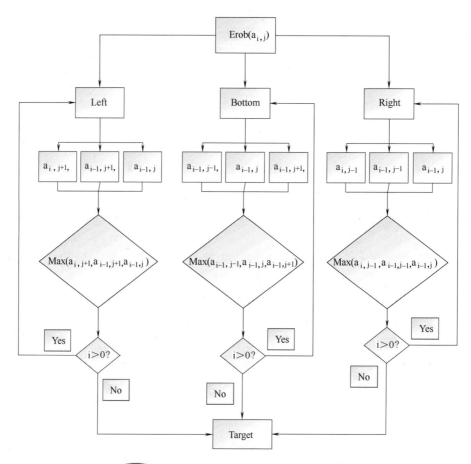

图 5-4　基于 RSS 能势场导航路由决策定位算法

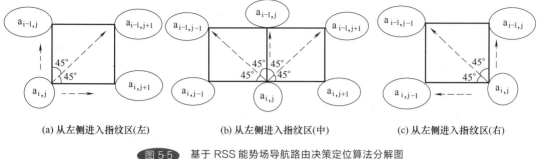

(a) 从左侧进入指纹区(左)　　　(b) 从左侧进入指纹区(中)　　　(c) 从左侧进入指纹区(右)

图5-5　基于RSS能势场导航路由决策定位算法分解图

3）定位实验

利用采集到的实时RSS数据信息，与指纹库地图中RSS数据库进行匹配，获取智能机器人所在的位置。

① $301^{\#}$ 廊道。在 $301^{\#}$ 的廊道上，智能机器人利用WiFi的RSS信号进行自主导航定位，该定位过程是建立在基于RSS能势场导航路由决策定位算法的基础上实现的，下面对 $301^{\#}$ 右廊道进行定位分析。

在右廊道上根据 AP_1 的RSS信号均值和 AP_2 的RSS信号均值进行均值叠加后再均值，在以右廊道正前方的 AP_2 为辅助导航定位的情况下，实现智能机器人向投影区域方向进行位移并实现定位，这里不再阐述。本章节主要研究的是WiFi和RFID两个无线网络融合下的联合导航定位。根据指纹定位技术理论基础可知，一般在指纹密度加大的情况下，定位精度会有所提高。实验中为了能够进一步提高定位精度，在对WiFi信号覆盖区域的地面标签布局时，把原来1m间距的地面标签调整为50cm，网格密度提高了一倍。但指纹数据库建立的工作量也同样会增加，不过这样布局仅局限在 $301^{\#}$ 的3个廊道上，工作量还是能够接受的。

通过章节3.6.3分析，根据我们提出的算法，智能机器人能够在廊道中实现较高的定位精度。

② $301^{\#}$ 讲台右侧。讲台右侧是一个长方形无障碍区域，长3.0m，宽2.5m，由于该区域受到WiFi无线信号的覆盖，并与RFID电子标签覆盖区域有大部分重叠，在图5-6空间网格布局中，纵轴X2坐标右侧面有2m长的正方形是相互叠加的。这个区域是在AP2的正下方，同时被WiFi信号和RFID电子标签信号覆盖，这为两种无线网络覆盖下的融合定位

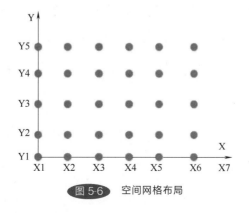

图5-6　空间网格布局

研究提供了方便。通过对图 5-6 中采样点进行关联分析，横轴 Y3 信号相对较强。距离墙面近的指纹数据相对要弱一点，主要是受"电下黑"的影响。根据本书前面提出的基于 RSS 能势场导航路由决策定位算法，可以导航智能机器人从外围 Y1，Y2 向能量强的 Y3 轴移动，并到达与 RFID 重叠覆盖区域，切换到 RFID 定位系统的电子标签覆盖的工作状态，并启动 RFID 系统定位流程。

③ 301# 投影区。在 WiFi 覆盖与 RFID 覆盖的重叠区域，在定位切换完成后，RFID 定位系统将为定位启动相关切换功能，并进入到 RFID 定位工作状态。智能机器人进入到投影区域。

4）实验效果及分析

在对智能机器人进行 RFID 定位中，根据设计的路由算法，并建立了矩阵 A，

$$A = \begin{bmatrix} a_{11} & a_{12} & \cdots & a_{1m} \\ a_{21} & a_{22} & \cdots & a_{2m} \\ \cdots & \cdots & \cdots & \cdots \\ a_{n1} & a_{n2} & \cdots & a_{nm} \end{bmatrix}$$

算法描述如下：

```
The algorithm is described below(if n=11,m=9).
a[9][11]      /* experiment data */
b[9][11]      /* storage path data */
Input l or r or b   /* entering model */
Input I,j   /* entering coordinate */
'left entering'model：
b[i][j]<-a[i][j]
while I>0
max<-a[i][j]
x<-i,y<-j
if(a[i-1][j]>max)
max<-a[i-1][j],x<-i-1,y<-j
if(a[i-1][j+1]>max)
max<-a[i-1][j+1],x<-i-1,y<-j+1
if(a[i][j+1]>max)
max<-a[i][j+1],x<-i,y<-j+1
I<-xj<-y
b[i][j]<-a[i][j]
'right entering'model：
...
'bottom entering'model：
...
```

根据算法设计，并让智能机器人从左、中、右三个方向任意 3 点进入 RFID 覆盖区域，

得到图 5-7 所示的显示效果。

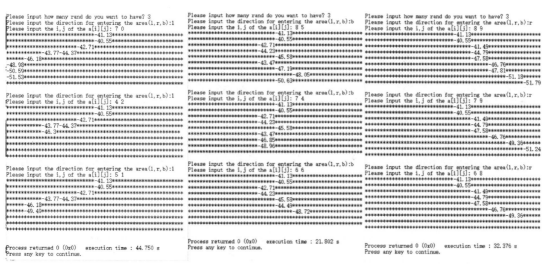

(a) 左侧任意3点进入　　　　　(b) 中下侧任意3点进入　　　　　(c) 右侧任意3点进入

图 5-7　基于 RSS 能势场导航路由决策定位算法测试效果图

在路由决策中，根据指纹地图情况及指纹数据库关联，当智能机器人从不同的 3 个方向进入到投影区域后，会有不同的路由轨迹，如图 5-8 所示。

在图 5-8 中，我们可以看到不同的轨迹，这些不同轨迹代表智能机器人分别从左、中、右三个方向随机进入到定位区域，根据基于 RSS 能势场导航路由决策定位算法进行导航定位，大体上轨迹都能够向中轴线上靠近，尤其是在横向第 4 排多个栅格中的路由线路发生明显的内聚，并逐渐向前靠近，最后到从上到下的第二个栅格后，轨迹就都汇聚在中轴线上

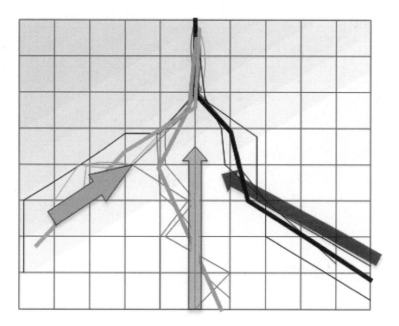

图 5-8　智能机器人从不同方向进入到 RFID 指纹地图后的运动轨迹图

了，由于每一个栅格距离为 10cm，加上投影区域距离指纹地图为 20cm，这意味智能机器人在距离投影白板 50cm 处就能够精确进行投影定位。

由于智能机器人活动场景的复杂性，单一的定位方式已无法实现良好的定位交互服务，需要多种定位技术进行融合，并合理设计定位场景，提出有效的算法，才能实现预期的定位服务目标。在 WiFi 融合 RFID 定位中，本书提出了基于 RSS 能势场导航路由决策定位算法，通过 WiFi 网络覆盖三角形结构的优化布局，建立了合理的 50cm 间距的地面标签网格，使粗定位得到了实现。

同时对 RFID 无线网络的电子标签进行优化布局，通过"正六边形（6 个电子标签）＋正四边形（4 个电子标签）＋中心点（1 个电子标签）"的空间阵列布局，信号得到了合理的内聚，地面标签采用比较细化的 10cm 网格，定位精度有了极大的提高。通过 WiFi 和 RFID 两种无线网络的融合定位，结合基于 RSS 能势场导航路由决策定位算法，智能机器人能够到达指定的服务区域并可进行教育教学相关的投影服务。

第6章 智能机器人多场景定位技术

本章以具备教育功能的智能机器人为例展开介绍，其服务对象为老师和学生等，需要在不同的室内教学场景中提供相关的教育教学服务，并提高自我生存能力。要实现这些功能，需要定位技术的支持。为了能够实现不同场景下基于定位服务的应用研究，需要对智能机器人平台进行分析、研发，并开展基于智能机器人室内定位的应用研究。

6.1 室内场景的智能机器人定位挑战

6.1.1 智能机器人室内应用服务需要面对的问题

在教育类智能机器人研发的过程中，不少企业关注的主要是与教育相关的功能实现，在外观设计、动力配置和行为能力投入研究方面还有待提升，在个性化服务研究上还需要进一步推进。目前智能机器人在室内基于定位的应用还面临诸多的挑战。

（1）形体合理性

要使智能机器人在服务区域内能够为人们提供教育教学相关的服务，实现教育教学相关功能，在功能和外观设计上需要一定的合理性。智能教育机器人作为服务型机器人的一种，服务对象为教师、学生、培训机构的工作人员或者学员等，这些人员一般是在室内进行教学，智能机器人形体不宜太大。"准星"数学高考机器人（AI-MATHS）其实就是一台高考服务器，比一台中央空调都还要高、还要宽，并且安装在比较大的空旷区域，也不能随意移动。学霸君研发的高考机器人（Aidam）尽管体积相对 AI-MATHS 小一点，具有科幻般的人体结构特征，但也是一台智能解答服务器，也不能自由移动。这些具备人工智能解题服务功能的机器人在自主服务能力上都有待提升。

（2）动力补给持续性

能够自主移动的教育类智能机器人需要在不同场景中服务于教育教学相关的人员，需要便捷的电源补给方式，目前解决的手段主要是给智能机器人装配电池，但电池续航能力有限，需要随时进行充电，如何让智能机器人在电池需要充电时自主发现充电位置并找到充电端口进行自主充电，这需要导航和定位等技术提供技术支持。

（3）服务多样性

教育类智能机器人主要是为教师、培训师等教育工作者和学生、学员等受教育者在多种场景中提供教育教学相关的服务。针对学生或学员，服务内容主要包括小学的口语、陪伴等，中学的人机行为交互、作业辅导等，大学的课程优化、机器人相关的课程学习指导等；针对教育工作者，教育类智能机器人需要为教育工作者提供教学便利，对课程进行语音解析、文字显示及各种行为的人机交互。要求教育类智能机器人能够提供多样性的服务，具有课堂趣味性、知识科普性、内容先进性等。这就需要对智能机器人进行各种资源整合，并提供更多的服务，这将是一个复杂的系统工程。

（4）服务区域限制性

智能机器人服务区域主要是在室内环境，定位信号会受到环境因素影响，在不同的服务区域需要不同的无线信号提供覆盖，存在区域间切换频繁，算法复杂，还受到墙体、门、家具和课桌椅等室内物体的遮挡，服务区域受限。

（5）导航，跟踪和定位连续性

很多教育类智能机器人在功能上能够提供部分智能解答服务，但在自主行为上受到自身因素、周围环境因素、信号覆盖情况、技术研发等影响，导致智能机器人不能很好地找到服务对象或目标服务区域，也不能很好地提供教育相关的交互服务。

教育类智能机器人面临着诸多的挑战，尤其是基于定位服务的应用研究。为了让教育类智能机器人能够在特定的区域和位置提供教育教学相关的服务，需要对智能器人进行跟踪、导航和定位研究。

6.1.2　智能机器人平台开发

智能机器人平台主要为客户提供语音、智能解答、教育云服务、投影、自主充电和表情识别等功能应用。

1）智能机器人基础平台框架

智能机器人基础平台主要包括以下几部分。如图 6-1 所示。

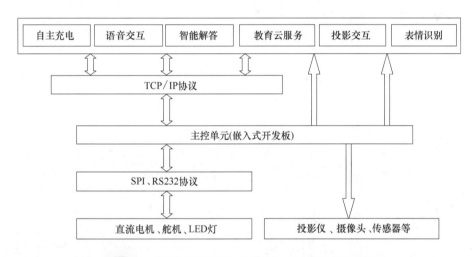

图 6-1　智能机器人基础平台框架图（本小组研究资料图）

（1）底层硬件

① 投影仪，主要用于教育教学中的多媒体投影，将与教学培训相关内容进行展示。

② 摄像头，主要用于任务处理，包括人物面部及表情识别、二维码扫描等。

③ 各类传感器，包括红外传感器、声波传感器等，主要用于测距、自主避障、语音交互等。

（2）接口协议

主要包括 SPI 和 RS232 协议，其中 SPI 为串行外设接口（Serial Peripheral Interface，SPI）协议，RS232 为推荐标准 232（Recommend Standard 232，RS232），是一种串行物理接口标准，这两种接口协议用于硬件间（如直流电机、舵机、LED 灯等）的通信。

（3）主控单元

通过编程控制底层硬件设备以及控制上层（如自动避障、人脸识别、表情识别等）的应用。

（4）TCP/IP 协议

传输控制/网络通信（TCP/IP）协议主要采用客户机/服务器（C/S）模式与上层应用（如语音交互、智能解答、教育云服务等）进行通信。

（5）部分软件

包括 C、C++编程软件，Linux 操作系统，ROS 操作系统等。

2）研发的智能机器人平台

① 研发中的"豆豆"。如图 6-2 所示，具备的主要功能如下。

(a)"豆豆"内部结构   (b)"豆豆"整机外形   (c)"豆豆"语音交互开发(唐诗)

图 6-2   研发中的"豆豆"

(a) 内部结构   (b) 整机   (c) 红外测距测试

(d) 二维码扫描测试   (e) 二维码扫描展厅解脱   (f) 智能解答开发(小学数学)

图 6-3   研发中的"虎虎"

a. 语音控制行走（前进、后退、向左、向右）功能；

b. 语音交互（日常对话，天气等问答，背唐诗，小学数学解答，讲故事），能够在触摸屏上显示笑脸及沮丧等表情，对无法识别的语音进行幽默回复等。

② 研发中的"虎虎"。如图 6-3 所示，具备的主要功能：

a. 语音识别和交互（背唐诗，部分小学数学解答，讲故事、天气问题等）问答；

b. 二维码识别，展厅二维码扫描讲解等。

③ 研发中的多功能智能机器人实验平台。如图 6-4 所示，具备的主要功能：

a. 语音识别和人机交互（背唐诗，中学几何数学、物理问题解答，讲故事等）功能；

b. 二维码识别，二维码扫描讲解；

c. 实现 WiFi 和 RFID 无线网络接入、导航和定位。

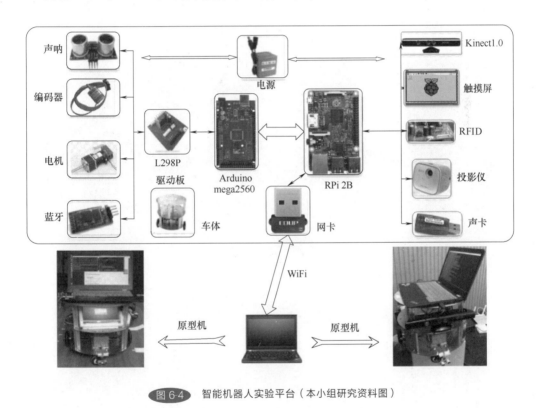

图 6-4　智能机器人实验平台（本小组研究资料图）

6.2 特殊场景的智能机器人定位技术实现

6.2.1 智能机器人展厅定位实现

（1）展厅结构及功能说明

展厅作为一个对教学成果和学校发展历程的呈现平台，主要功能是展示工程中心发展历程、近几年的教学科研成果、领导关怀、部分成果体验等。展厅位于学术讨论厅的左侧，是一个长 14m、宽 8.6m 的长方形室内环境，分为研究成果展区、教师培训展区、教育信息化评估展区、应用创新展区、资源工具展区、教育云展区、智慧教室展区及其他动态展区，包括多块显屏和多个展柜等。场景效果图如图 6-5 所示，结构图如图 6-6 所示。

图 6-5　展厅场景

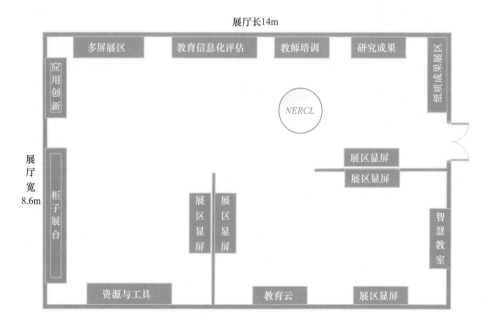

图 6-6　展厅结构图

展区显屏可实时动态地播放工程中心在各种教育教学领域里的创新型成果，包括智能机器人硬件研发和应用、中学物理和小学数学等的智能答题、智障儿童教育、电子钢琴及计算机模拟演示、物理和化学创新教育成果体验等。

目前很多高校展厅讲解服务基本上是通过工作人员进行。人工智能迅速发展给智能讲解带来了契机。若在展厅投放一定量的讲解机器人，挖掘机器人在展厅的语音讲解和交互功能，这将减少工作人员的工作量，同时可以吸引参观人员的注意力，增加其趣味性。

（2）基于二维码的展厅定位讲解交互应用

在人机交互应用中，二维码是一个有效的信息载体。在博物馆、景区景点中，可以通过扫描二维码获取智能机器人讲解等服务。二维码（Quick Response Code）是一种编码方式，能存储丰富的信息，也能表示更多的数据类型。

本研究主要是利用二维码信息获取功能，通过智能机器人平台上装配的摄像头获取携带有特定信息的二维码图像，并利用客户端软件进行解码或者通过二维码指向一个链接地址（比如展厅信息门户），为参观人员提供服务，还可以通过语音形式让参观者感受到智能机器人在教育信息化中的一些创新型应用。

智能机器人如何发现二维码，并能在指定位置停下并识别二维码，需要室内导航定位技术的支持。我们利用本书导航定位研究的成果，进行现场定位测试，智能机器人在指定位置停顿并借助智能机器人装配的摄像头获取二维码信息，解析出展位二维码对应展示的内容并进行语音推送，同时可根据参观者需要，与参观者进行简单的人机语音交互。智能机器人与二维码定位交互测试如图 6-7 所示。

(a) 二维码识别测试　　　　　　　　　　　　　　(b) 展厅二维码信息定位识别

 智能机器人与二维码定位交互测试

6.2.2 智能机器人自主充电定位实现

（1）充电位置设计和电插头设计

智能机器人在服务过程中是靠自身携带的电池进行能源补给，由于电池续航能力有限，在工作一定的时间后会出现电力不足或消耗殆尽的情况。为了能够让智能机器人有很好的续航能力，需要思考如何提高电池的性能和及时解决智能机器人自主充电的问题。

本研究设计有 3 个触电环，分别为负触电环、正触电环和保护地触电环，电源供给端正负触电环横向宽为 5cm，中间绝缘保护宽也为 5cm，保护地触电环和正负触电环在同一垂直面，并在底部略高于地面，宽为 6cm。机器人配电端横向宽 4cm，中间绝缘保护宽为 7cm，保护地触电环和正负触电环在同一垂直面，且底部略高于地面，宽也为 6cm。该设计是考虑到充电接触时不要外界强力介入，只需要可移动智能机器人平台在进入到电源供给端定位区域后，能够通过本书提出的基于 RSS 能势场导航路由决策定位算法实现到达目标位置进行充电。电源供给端如图 6-8 所示。

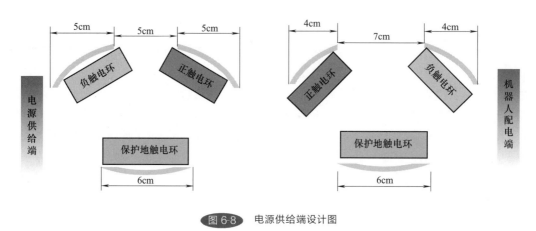

图 6-8　电源供给端设计图

（2）WiFi 融合 RFID 定位配电端

智能机器人能够在特定室内场景中找到投影位置，并在指定位置进行相关教育教学服务。在自主充电中，智能机器人如何发现充电位置？如何自主导航到充电位置？这需要设计充电位置 RFID 的电子标签布局。为了能够聚合电子标签的 RSS 信号，同时让机器人能够发现 RSS 能量聚合焦点，本设计需要 4 个电子标签，并以原先设计的地面标签布局作为基础，让智能机器人在基于 RSS 能势场导航路由决策定位算法作用下，找到充电位置。由于电源供给端空间有限，设计宽为 20cm，高为 30cm，在设计过程中能够保证在完成有效充电的情况下，尽可能不必占用太多的位置空间，在电子标签布局设计过程中，需要充分考虑布

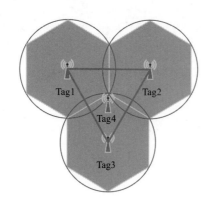

（a）电子标签布局几何结构

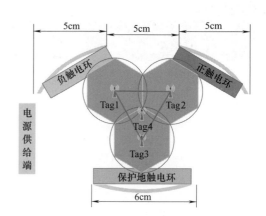

（b）电子标签在电源供给端布局示意图

　电子标签在电源供给端布局

局的合理性，并不能影响到设备的安全性，同时还要兼顾定位的效果实现预期的可行性，本研究设计了在采用同一型号电子标签的条件下，对电子标签的布局设计为正三角形（3个电子标签）＋三角形中心点（1个电子标签）结构，电子标签在电源供给端布局设计如图6-9所示。

在定位验证中，本研究的地面标签布局和场景同样选择在301#，并利用前期研究的WiFi和RFID相同的指纹数据库和指纹地图，在定位中把原先设计的投影面板结构换成本书设计的电源供给端设计的结构。结合基于RSS能势场导航路由决策定位算法，让智能机器人能够找到电源供给端位置，在误差允许的情况下，让电源配电端和供给端有很好的接触。

根据"正三角形＋中心点"结构，可以获取2种形式结构，如图6-10所示，并在11个电子标签中选择出所需要的标签相关信息。

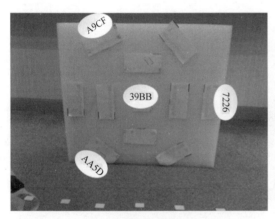 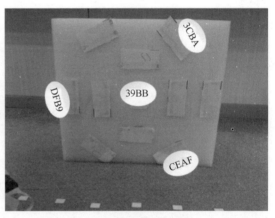

(a) 电子标签(3+1)位置1   (b) 电子标签(3+1)位置2

图 6-10　电子标签（3+1）位置图

由于前期RFID的RSS数据采集是11个电子标签，实验中可以利用原先数据库，选择出正六边形布局中正三角形的RFID电子标签布局结构，并保留中心点的电子标签，这个实验可以节约大量的人力物力。当然也可以重新按照本书中的充电布局设计，利用软件过滤功能，选出需要的4个电子标签RSS信号并进行建库，并进行相关的定位工作。但不管是采用原来数据库数据或者是新建数据库，其类聚原理一样，都可以实现数据的优化，在实验中的数据特性都保持一致。

在正六边形电子标签布局结构的基础上，结合正三角形布局结构，在图6-10中，分别把电子标签位置及CRC进行了标注。在图6-11和图6-12中，对软件中采集到电子标签对应的CRC做了线条标记，通过对应的RSS信息，可以实时获取相关数据。根据无线指纹定位技术的两个阶段，建立离线数据库，利用实时参考点对目标位置进行估计，确定目标位置。

根据定位需要，本研究对图6-10所示布局进行了实验，验证中心点是否为RSS信号最强点，并根据RSS信号强度对智能机器人运动进行路由决策，并利用基于RSS能势场导航路由决策定位算法进行仿真，得到预期的定位效果。

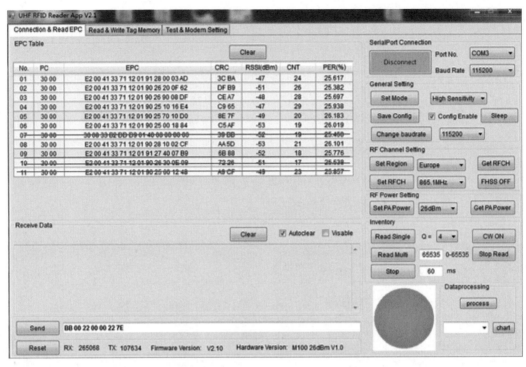

图 6-11　电子标签（3+1）位置 1 软件显示

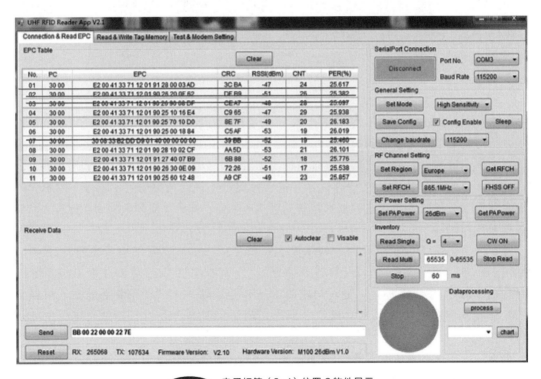

图 6-12　电子标签（3+1）位置 2 软件显示

6.2.3　智能机器人投影推送服务定位实现

投影设备在信息化教学中是不可或缺的设备，但是要让教育者上课生动有趣，可以让智能机器人参与到教学活动中来，若能够让智能机器人自主发现投影位置，并通过自主导航到指定位置进行投影，这将给受教育者留下深刻的记忆，对促进教学效果有一定的帮助。

智能机器人自主投影推送位置的确定是建立在智能机器人无线定位的基础上，结合基于RSS能势场导航决策路由定位算法，通过RSS能量增强为导航驱动，最终目的是实现智能机器人在投影区域的导航，并通过红外等测距手段，保证智能机器人在指定位置进行投影。教师可以通过键盘或者手机等设备，利用WiFi或者Bluetooth等通信方式给机器人发出指令进行投影交互。当然，需要实现这些功能，还需要投入更多的研究，在系统的研发和融合方面还有很多工作要做，该项目研究还是在初级测试阶段，离真正的应用还有一定的差距，在后续工作中还会继续开展相关的研究。本研究的主要问题是实现定位位置的发现，并通过导航定位到投影点，这项研究的可行性在实验中已经得到了验证。投影交互测试如图6-13所示。

图 6-13　投影交互测试

6.2.4　智能机器人语音交互定位实现

语音交互是智能机器人最基本的功能之一，很多服务型智能机器人都是通过语音交互完成服务的，比如儿童玩伴机器人就是通过讲故事、日常问候及生活提醒等语音方式与服务对象进行交互。我们研发的智能机器人也具备与人进行语音交互的功能，本小组为智能机器人提供了丰富的语音交互脚本，实现在特定语境下的个性化语音交互服务，当然也可以通过语音控制机器人的多维度的运动。

语音交互过程中，智能机器人需要发现人的位置和方位，并调整姿态实现人机面对面进行语音交互，这里需要进行声波定位。若智能机器人要在教室环境中到指定位置去与师生进行交流，在展厅中为参观者讲解等，则需要更多的导航和定位技术提供支持，比如需要视觉，航迹推算等辅助传感器进行协调，实现更好的人机交互场景。智能机器人在教育场景中的语音交互成功的基本保障是需要定位技术支持，本章节的语音交互定位主要是通过声波定位方式实现智能机器人发现声源方位，并调整自己方位进行人机语音交互。组内研发的具备语音交互功能的智能机器人如图6-14所示。

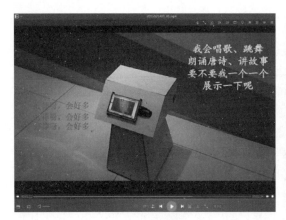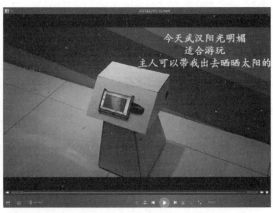

图 6-14　具备语音交互的智能机器人测试（团队测试成果）

6.2.5　智能机器人扫码链接云平台定位实现

某高校教育云平台 StarC 是一个开放、安全和易用并可扩展的平台，通过统一的用户管理、认证、授权和数据管理，共享教育管理和教学基础数据，实现真实课堂和虚拟课堂的良好衔接，形成云端一体化教学和管理服务体系。教育云平台 StarC 主要包括：

① 我的课堂：包括了资源、通知、作业、成员、统计、课程大纲、教学日历、教师简介、考核方式、课程结构、学习目标、学习内容、论坛、测试、聊天等内容；

② 公告通知：通过通知可以让参与课程者获取教师或者其他管理者的通告；

③ 课程中心：通过课程中心可以通过课程名或者教师名查找或筛选需要的课程，并开展网上学习和交流。

云课堂适用对象包括本校本科生、研究生和教师等人员，是让教师教学和学生学习更加容易、便捷、联系更加密切的一个数字化服务平台。教师通过云课堂平台为学生提供课程学习资料和发布相关信息等，学生可以在该平台上实现移动式学习和碎片化学习，还可以参加各种讨论和提问等活动。本章节的智能机器人云平台构架如图 6-15 所示。

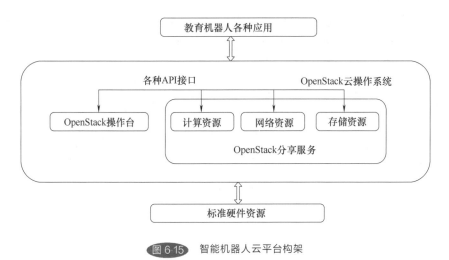

图 6-15　智能机器人云平台构架

　　通过教育云平台与云课堂深度结合，在网络环境下，随时随地利用教育云平台提供的海量教学信息资源，扩展智能机器人的知识库，利用智能机器人与教育云互联互通，通过智能机器人定位扫描二维码进行身份确认后接入到学校的云平台，实现教学资源在智能机器人平台上的推送，让课堂上智能机器人更好服务于师生。

　　本研究中，根据教育云平台的二维码生成，在特定的展厅相关位置进行布局二维码，并利用前期定位研究成果，实现了二维码的定位扫描，并成功链接到指定的教育云网站。

参 考 文 献

［1］ Reinhard Feger，Clemens Pfeffer，Werner Scheiblhofer，et al. A 77 GHz Cooperative Radar System Based on Multi-Channel FMCW Stations for Local Positioning Applications ［J］. IEEE Transactions on Microwave Theory and Techniques，2013，61（1）：676-684.

［2］ Iuliia Goncharova，Stefan Lindenmeier. A Compact Satellite Antenna Module for GPS，Galileo，GLO-NASS，BeiDou and SDARS in Automotive Application ［C］. 2017 11th European Conference on Antennas and Propagation ，2017：3639-3643.

［3］ P. Benevides，G. Nico，J. Catalão，et al. Analysis of Galileo and GPS Integration for GNSS Tomography ［J］. IEEE Transactions on Geoscience and Remote Sensing，2017，55（4）：1936-1943.

［4］ Liang Wang，Zishen Li，Hong Yuan，et al. Influence of the Time-delay of Correction for BDS and GPS Combined Real-time Differential Positioning ［J］. Electronics Letters，2016，52（12）：1063-1065.

［5］ Y Y Gu，A Lo，I Niemegeers. A Survey of Indoor Positioning Systems for Wireless Personal Networks ［J］. IEEE Communications Surveys and Tutorials，2009，11（1）：13-32.

［6］ Nima Najmaei，R Mehrdad. Kermani. Applications of Artificial Intelligence in Safe Human-Robot Interactions ［J］. IEEE Transactions on Systems，Man，and Cybernetics——Part B：Cybernetics，2011，41（2）：448-459.

［7］ 刘琪，陈诗军等. 运营商级高精度室内定位标准、系统与技术（英文版）［M］. 北京：电子工业出版社，2017：8-12.

［8］ F Lu，G H Tian，G L Liu，et al. Design of Composite Global Positioning System for Service Robot Based on WiFi Fingerprint Localization and Particle Filter Under Intelligent Space ［J］. ROBOT，2016，38（02）：178-184.

［9］ W X Luo，Y M Wen，et al. Behavior Analysis of Education Robot Scenario Based on WiFi Fingerprint Indoor Positioning Environment ［C］. Proceedings of the 2016 2nd International Conference on Education Science and Human Development，2016：271-279.

［10］ 张明华. 基于 WLAN 的室内定位技术研究 ［D］. 上海交通大学，2009：12-36.

［11］ 万群，郭贤生，陈章鑫. 室内定位理论、方法和应用 ［M］：北京：电子工业出版社，2012：20-49.

［12］ 罗文兴，文有美. 异构无线网络定位教育机器人 ［J］. 通信技术，2018，6（51）：1430-1437.

［13］ Luo Wenxing，Gao Lvzhou，Ou Xiaoqing，et al. Research on Positioning of Educational Robot Based on WiFi Fingerprint Technology ［C］. 2017 2nd International Conference on Software，Multimedia and Communication Engineering，2017：460-469.

［14］ 罗文兴. 通信工程设计与施工 ［M］. 北京：机械工业出版社，2018.

［15］ 罗文兴，余新国，杨洁，等. 移动通信技术 ［M］. 北京：机械工业出版社，2018.

［16］ 周文红，黄巍，严学纯，梁朝军. 定位技术解问 ［M］. 北京：人民邮电出版社，2014.

［17］ 巩应奎，薛瑞. 天空地一体化自组织网络导航技术及应用 ［M］. 北京：人民邮电出版社，2020.

［18］ 崔胜民，卞合善. 智能网联汽车导航定位技术 ［M］. 北京：人民邮电出版社，2021.

［19］ 刘琪，冯毅，邱佳慧. 无线定位原理与技术 ［M］. 北京：人民邮电出版社，2017.

［20］ 童文，朱佩英. 6G 无线通信新征程：跨越人联、物联，迈向万物智联 ［M］. 北京：机械工业出版社，2021.

［21］ 王大轶. 航天器多源信息融合自主导航技术 ［M］. 北京：人民邮电出版社，2018.